INFOGRAPHIC
GUIDE TO
LIFE, THE UNIVERSE AND EVERYTHING

数据之美
万物篇

[英] 托马斯·伊顿 著

肖 竞 译

电子工业出版社
Publishing House of Electronics Industry
北京·BEIJING

First published in Great Britain in 2014 by Cassell Illustrated, a division of Octopus Publishing Group Ltd

Carmelite House, 50 Victoria Embankment, London EC4Y 0DZ

Copyright © Essential Works Ltd 2014

All rights reserved.

Essential Works Ltd asserts the moral right to be identified as the author of this work.

本书中文简体版专有翻译出版权授予电子工业出版社。未经许可，不得以任何手段和形式复制或抄袭本书的任何部分。

版权贸易合同登记号　图字：01-2022-2244

图书在版编目（CIP）数据

数据之美. 万物篇／（英）托马斯·伊顿（Thomas Eaton）著；肖竞译. —北京：电子工业出版社，2022.5
ISBN 978-7-121-43431-0

Ⅰ.①数… Ⅱ.①托… ②肖… Ⅲ.①数据处理 Ⅳ.①TP274

中国版本图书馆CIP数据核字（2022）第078198号

书中涉及数据的时效性均以原版书出版时间为准，相关数据统计如与我国官方数据有出入，均以我国统计为准，特此说明。

审图号：GS（2022）2717号
书中地图系原文插附地图

责任编辑：张　　冉
特约编辑：胡昭滔
印　　刷：河北迅捷佳彩印刷有限公司
装　　订：河北迅捷佳彩印刷有限公司
出版发行：电子工业出版社
　　　　　北京市海淀区万寿路173信箱　　　邮编：100036
开　　本：787×980　1/16　　印张：38.75　　字数：819千字
版　　次：2022年5月第1版
印　　次：2022年5月第1次印刷
定　　价：298.00元（全4册）

凡所购买电子工业出版社图书有缺损问题，请向购买书店调换。若书店售缺，请与本社发行部联系，联系及邮购电话：（010）88254888，88258888。

质量投诉请发邮件至zlts@phei.com.cn，盗版侵权举报请发邮件至dbqq@phei.com.cn。

本书咨询联系方式：（010）88254439，zhangran@phei.com.cn，微信号：yingxianglibook。

目录

引言

托马斯·伊顿

1834年，在伦敦威斯敏斯特修道院的圣安德鲁大教堂中发现了一块大理石板，上面记载了一位五年前已经去世的人，名叫托马斯·杨。石板上的文字对他的评价是"对于人类知识的所有学科无所不精，不但精通文学和科学的深奥知识，历史上第一次提出了光的波动性，还前无古人地揭开了古埃及象形文字的奥秘"。得到这样称赞的全才，也许是世界上最后一个无所不知的人。

当时代发展到今天，还有可能做到这一点吗？即便是斯蒂芬·霍金、诺姆·乔姆斯基和斯蒂芬·平克这样的天才，也只能在寥寥几个领域做到游刃有余。我们生活的这个时代，方方面面的信息都以前所未有的爆炸式速度飞速增长。1989年，蒂姆·伯纳斯-李以及他在欧洲核子研究组织的同事共同创立的万维网，最开始不过拥有几个页面，而今天的互联网已经成为数十亿人使用的重要工具。世界上的信息量如此之大，科学家甚至已经陷入缺乏手段来描述信息的困境：从太字节到拍字节（PB），到艾字节（EB），再到泽字节（ZB），现在已经发展到了尧字节（YB，1后面24个"0"）。

面对此况，我们应该如何处理这些海量的数据，并从中找出最重要的内容呢？这正是本书的写作目的，我们尝试用数据图的形式来探究生活、宇宙和万物的奥秘。出人意料的是，这种方式可以被追溯到很久以前。弗洛伦斯·南丁格尔在我们脑海中一直是"提灯女神"的形象，尽心尽力地照料克里米亚战争中受伤的英国士兵。但不要忘了，她同时也是一位统计学先驱。她在关于英军阵亡率的报告中大量利用了柱形图，并创造性地使用了"南丁格尔玫瑰图"来表达自己的发现，"将不够直观的数字转化为更容易吸引注意力和得到理解的方式"。为此，她在1858年被英国皇家统计学会吸纳，成为首位女性会员。

毫无疑问，可供收集的数据无穷无尽。问题在于我们如何用生动、合理的方式展示它们。从大型强子对撞机中以接近光速穿行的亚原子粒子，到宇宙中最大的恒星，本篇的内容覆盖了许多主题，圈出了一个巨大的范围。我们深入探讨了太空旅行的问题和到达太阳系中的行星——火星需要多长时间？在火星表面，你的体重是多少？小行星撞击地球摧毁所有生命的概率有多大？（要知道，这可是曾经发生过的……）然后我们进一步走向宇宙深处，甚至进入了科幻小说的范畴。

　　关于地球，我们用一些篇幅讨论了极端天气、火山活动、地震和地球上脆弱的气候。我们展示了地球上水资源的分布、温室气体的来源，以及不同的饮食习惯带来的碳排放。你可以看到不同物种之间脑容量和基因组成的差别，甚至能够了解备受欢迎的犬只种类如何繁育而来。我们将人体分解成不同的元素，同时还研究了人类在消灭疾病方面取得的成绩。

　　本篇还研究了现代生活中无所不在的复杂科技。世界上最受欢迎的网站是什么？全球人口结构发生了什么样的变化？新兴的巨型城市在以多快的速度发展？对自然光能源利用程度最高的地方是哪里？

　　在"万物篇"中，我们会讨论一些更加不为人知的秘密，以图形这种生动的方式，为你提供各种信息，例如哪个国家的黑社会最强大、最古老，它们从事哪些犯罪活动，等等。涉及的主题还包括百慕大三角失事飞机和船只及不同国家人们的体重和幸福程度等。

　　简而言之，本篇是一个将各种数据进行对比的万花筒，有些话题很严肃，有些则很轻松。它为你提供了一个见微知著的机会，帮助你了解整个世界。所以请尽情享受其中提到的一切，不过要记得珍惜我们生活的这个时代，因为我们只要点击一下鼠标就能获得的信息，对维多利亚时代那些所谓无所不知的人来说，可是无价珍宝。

拥有强劲动力的物体
能够在事件视界附近逃脱
黑洞的引力。

缺乏强劲动力的物体
无法在事件视界附近逃脱
黑洞的引力。

光线

引力将最近的光线
吸入黑洞。

事件视界

黑洞

人们在银河系以外的许多星系中
心也都发现了黑洞。即便距离黑洞很
远，也可以感受到它的引力，这种引
力在星系形成的过程中发挥了极为重
要的作用。

进入事件视界的物体
将会被吸入黑洞，无法再
被观察到。

黑洞的引力会改变附
近光线传播的路径，距离
黑洞越近，这种改变越
明显。

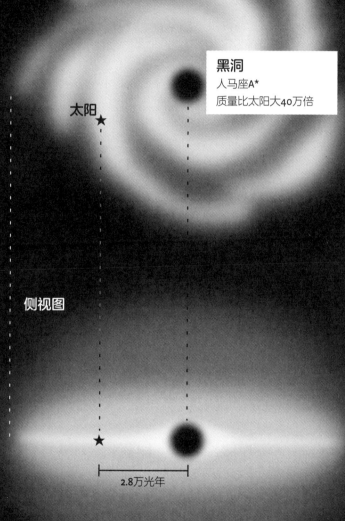

银河系

俯视图

黑洞
人马座A*
质量比太阳大40万倍

太阳 ★

侧视图

★ 2.8万光年

10万光年

我们对黑洞的认知是如何变化发展的?

1783年 地质学家约翰·米切尔首次提出,如果一个星体的质量巨大到一定程度,那么就连光线都无法从中逃逸。但当时的人们还不能理解光线如何受到引力的影响,因此他的观点几乎没有得到任何重视。

1915年 阿尔伯特·爱因斯坦提出了广义相对论,阐述了引力如何影响光线的运动。

1931年 苏布拉马尼扬·钱德拉塞卡通过计算得出了钱德拉塞卡极限,质量超过这一上限的恒星不会变成白矮星,而会坍缩形成黑洞。

1958年 大卫·芬克勒斯坦因确认了黑洞在数学上的边界,即事件视界。

1967年 物理学家约翰·惠勒在一次演讲中提出了"黑洞"这个概念。

1974年 天文学家在银河系中心发现了一个超大质量的黑洞。

2004年 斯蒂芬·霍金提出了自己的新理论:黑洞中的信息是可能逃逸出来的。他认为,黑洞会不断放出辐射,从而最终揭示黑洞内部的信息。

现代人的生活
同样危险

尽管医疗、安全措施和教育都已经发展到了相当高的水平，但人类还是会因为日常生活中的一些琐事而丧生。欧洲国家针对这些致死原因开展了一次长达4年的调研。结果显示，相比女性而言，男性遭遇不测的可能性更高。

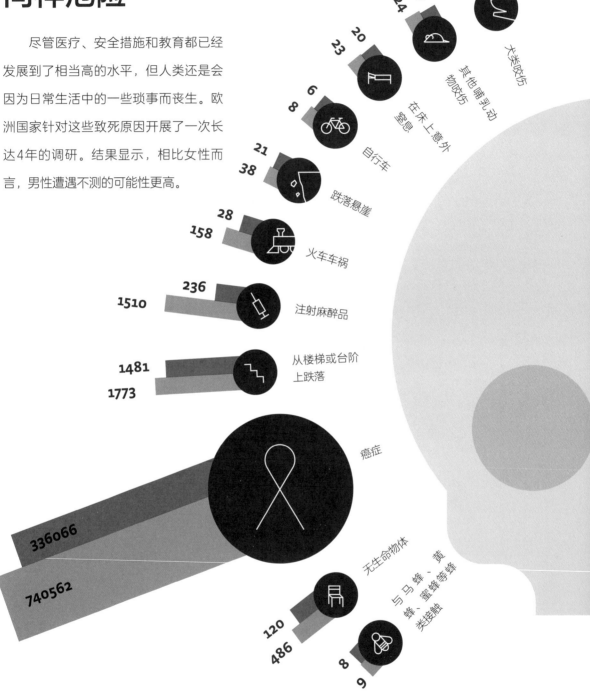

6
12
犬类咬伤

19
24
其他哺乳动物咬伤

20
23
在床上意外窒息

6
8
自行车

21
38
跌落悬崖

28
158
火车车祸

236
1510
注射麻醉品

1481
1773
从楼梯或台阶上跌落

癌症

336066
740562

无生命物体

120
486
与马蜂、黄蜂、蜜蜂等蜂类接触

8
9

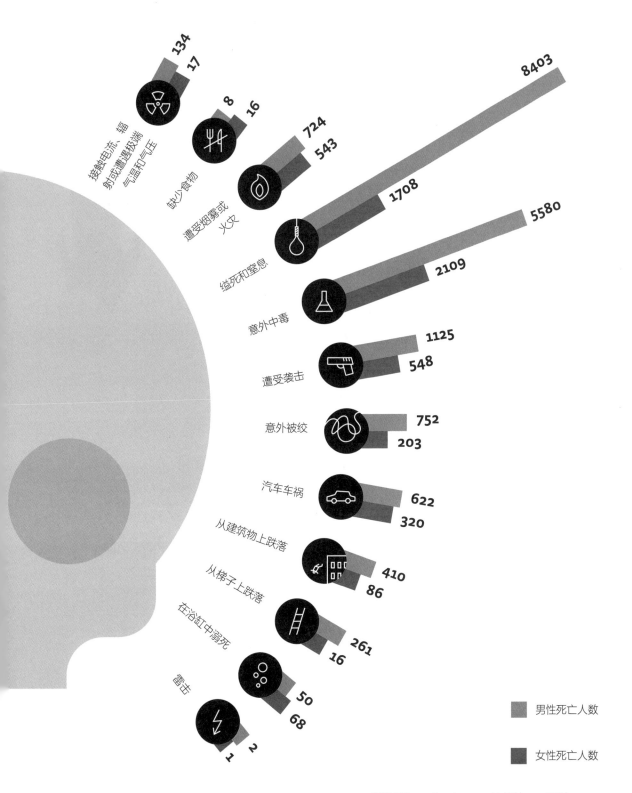

接触电流、辐射或遭遇极端气温和气压 134 17

缺少食物 8 16

遭受烟雾或火灾 724 543

缢死和窒息 8403 1708

意外中毒 5580 2109

遭受袭击 1125 548

意外被绞 752 203

汽车车祸 622 320

从建筑物上跌落 410 86

从梯子上跌落 261 16

在浴缸中溺死 50 68

雷击 2 1

男性死亡人数

女性死亡人数

资料来源: nationalgeographic网站，esfi网站，natgeotv网站，mirror网站，nytimes网站

危险的托里诺等级

　　我们所在的地球几乎每时每刻都在遭受来自宇宙的微小粒子的撞击，每年也都会有几颗与小汽车大小相当的陨石造访地球。美国国家航空航天局（NASA）通过计算发现，地球周围存在上千个直径超过1千米的物体，直径达到40米的物体更是超过了100万个。天文学家利用托里诺等级来评估近地物体撞击地球可能造成的灾害。

无灾害（白色）

0级
星体撞击地球的概率为零或几乎为零。

一般（绿色）

1级
星体将会从地球附近经过，但根据预测不会造成任何非同寻常的危险。NASA记录未来所有可能撞击地球物体的警戒风险表格中只包含了一例托里诺等级为1级的星体：2007VK184。据估计，该小行星的直径为130米，在2048年6月3日撞击地球的概率为0.055%。

应得到天文学家的关注（黄色）

2级
星体预计将会从地球附近掠过，研究结果显示其中一些会定期经过地球。通过进一步观测，绝大部分此类星体撞击地球的等级被重新定为0级。

3级
星体将以较近的距离掠过地球，需要继续跟踪观测。根据目前已知的信息，星体撞击地球并造成小范围灾害的概率大于或等于1%。其中绝大部分星体在利用望远镜进一步观测后，等级被重新定为0级。

4级
星体撞击地球并造成地区性灾害的可能性大于或等于1%。其中大部分在经过后续观测后，等级被调整为0级。2004年，小行星99942阿波菲斯被发现有可能在2029年撞击地球，概率约为2.7%，因此被定为4级。该小行星直径达到330米，如果进入地球大气层，将会释放出相当于750兆吨的动能（世界上最大的氢弹爆炸释放的能量超过50兆吨）。但进一步观测已经将其托里诺等级降为0级。目前还没有任何星体获得4级以上的评级。

名称：**无**
体积：不明
1908年
15兆吨TNT炸药

名称：**99942阿波菲斯**
直径：330米
2004年
750兆吨动能

名称：**2007 VK184**
直径：130米
2048年6月3日

希克苏鲁伯陨石坑——墨西哥尤卡坦半岛，被认为是导致白垩纪末期（6500万年前）物种大灭绝的原因

墨西哥湾

希克苏鲁伯陨石坑

尤卡坦半岛

● 危险（橙色）

5级 星体将以较近的距离经过地球，可能会造成严重的地区性灾害，但还不能确认是否会撞击地球。天文学家必须尽快得出结论。如果撞击将会在未来10年以内发生，那么政府必须启动应对方案。

6级 星体体积较大，可能会造成较为严重的全球性灾害，但还不能确认是否会撞击地球。如果撞击将会在未来30年以内发生，那么政府必须启动应对方案。

7级 星体体积较大，将以极近的距离经过地球，可能在未来100年内撞击地球，将会造成极为严重的全球性灾害，但仍然存在不确定性。

● 确定撞击（红色）

8级 星体确定将会撞击地球，并会造成小范围灾害。1908年发生在西伯利亚地区通古斯的小行星或彗星撞击地球事件，释放的能量相当于15兆吨TNT炸药（是投掷在广岛的原子弹当量的1000倍）。撞击使得约60平方千米的范围遭受了重大灾害。如果当时已经制定了托里诺等级，那么此次撞击可以被评为8级。

9级 星体确定将会撞击地球，并可能会造成前所未有的地区性灾害。

10级 星体确定将会撞击地球，并会造成全球性灾害。可能会威胁到地球文明的未来。比如，科学家认为6500万年以前的白垩纪末期曾经发生过一次地外星体撞击地球的事件。该事件造成了大量物种的灭绝，并形成了位于墨西哥尤卡坦半岛的希克苏鲁伯陨石坑。

资料来源：Oxford Dic of Astronomy, Hutchinson Unabridged Enc, nasa网站

生物去向何方？

正如希腊神话中的预言家卡珊德拉所说，我们终将毁灭——这一点毋庸置疑。过去地球上至少发生过六次重大灾害，大量生物因此灭亡。我们又能从中得到些什么教训呢？

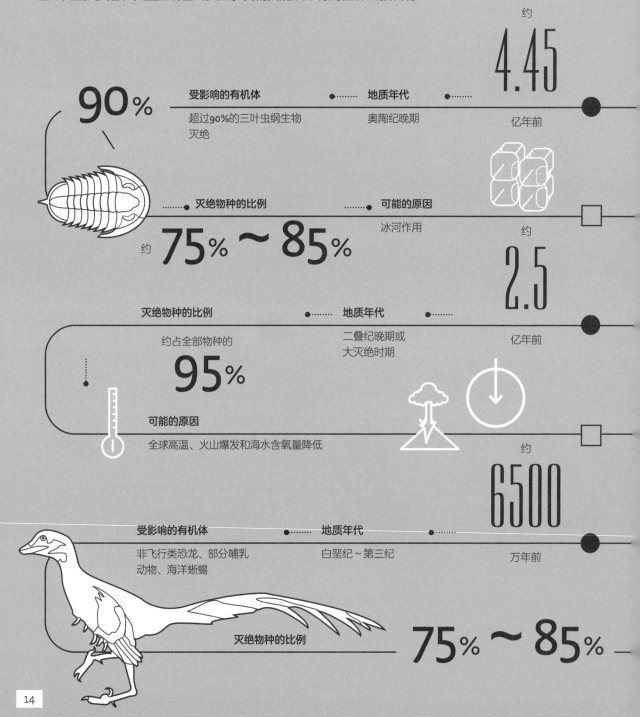

90%

受影响的有机体
超过90%的三叶虫纲生物灭绝

地质年代
奥陶纪晚期

约
4.45
亿年前

灭绝物种的比例
约 **75% ~ 85%**

可能的原因
冰河作用

灭绝物种的比例
约占全部物种的
95%

地质年代
二叠纪晚期或大灭绝时期

约
2.5
亿年前

可能的原因
全球高温、火山爆发和海水含氧量降低

约
6500
万年前

受影响的有机体
非飞行类恐龙、部分哺乳动物、海洋蜥蜴

地质年代
白垩纪 ~ 第三纪

灭绝物种的比例
75% ~ 85%

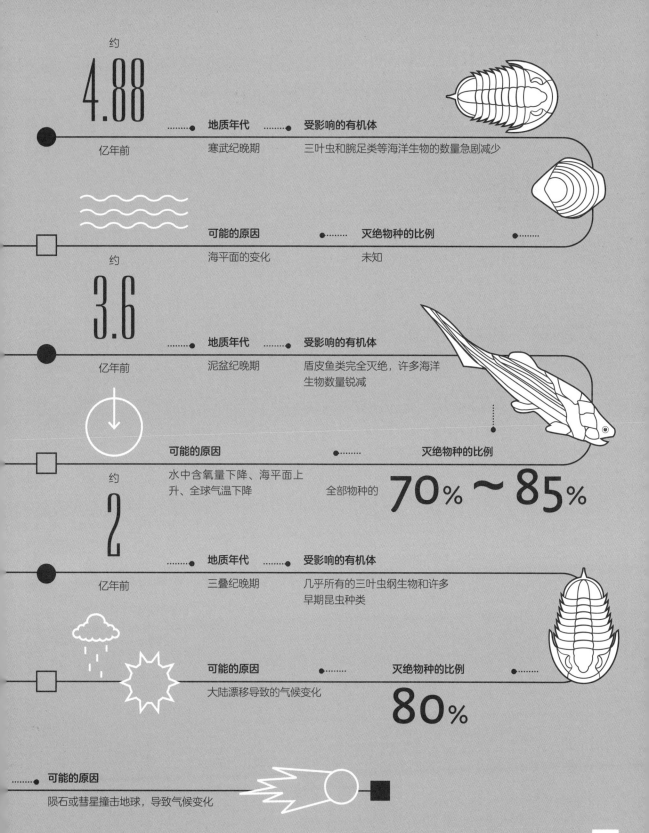

约 **4.88** 亿年前

地质年代 ....• 受影响的有机体
寒武纪晚期　　三叶虫和腕足类等海洋生物的数量急剧减少

可能的原因　　灭绝物种的比例
海平面的变化　　未知

约 **3.6** 亿年前

地质年代 ....• 受影响的有机体
泥盆纪晚期　　盾皮鱼类完全灭绝，许多海洋生物数量锐减

可能的原因　　灭绝物种的比例
水中含氧量下降、海平面上升、全球气温下降　　全部物种的 **70%～85%**

约 **2** 亿年前

地质年代 ....• 受影响的有机体
三叠纪晚期　　几乎所有的三叶虫纲生物和许多早期昆虫种类

可能的原因　　灭绝物种的比例
大陆漂移导致的气候变化　　**80%**

可能的原因
陨石或彗星撞击地球，导致气候变化

资料来源：Oxford Dictionary of Biology, nhm.ac网站

认识身边的电磁波

科学家选取了电磁波频谱中的一些，运用它们的特性为人类服务。以下是最常见的电磁波。

无线电波在电磁波频谱中波长最长，也存在于宇宙背景辐射中。一般用于播放广播和电视节目。

无线电波

用于雷达、通信设备、微波炉和手机等。

微波

温度较高的物体会放出红外线，被应用于通信、医药、天文和军事领域。

红外线

人类肉眼可见的电磁波。

可见光

太阳光中的大部分紫外线都已经被臭氧层阻挡。长期暴露在紫外线下可能导致晒伤，甚至诱发皮肤癌。

紫外线

用于医疗诊断和机场安全检查的扫描仪等。

X射线

用于发现和治疗癌症，以及消毒医疗器械。在食品工业中用于杀死微生物、延长食品的保质期。

伽马射线

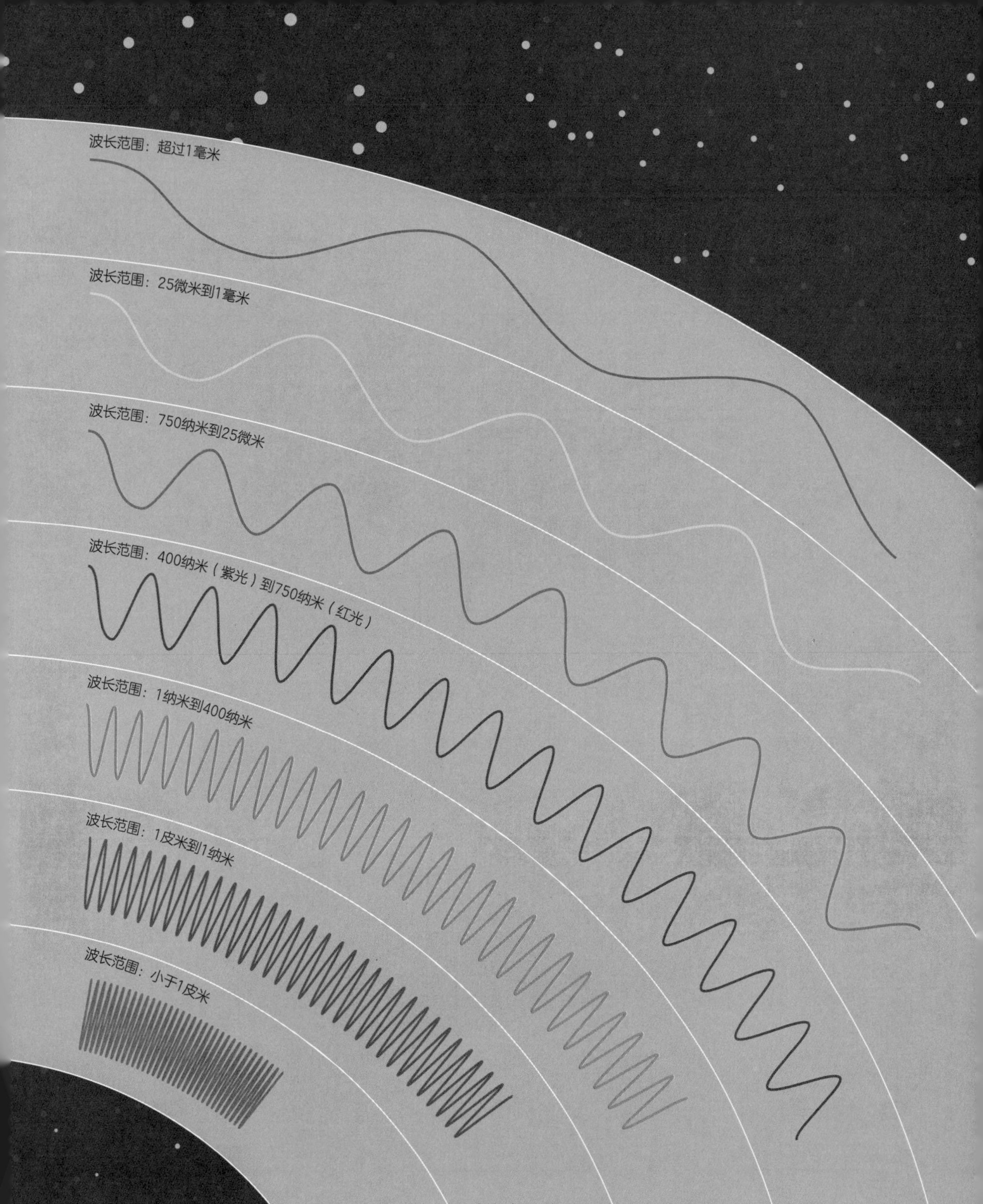

波长范围：超过1毫米

波长范围：25微米到1毫米

波长范围：750纳米到25微米

波长范围：400纳米（紫光）到750纳米（红光）

波长范围：1纳米到400纳米

波长范围：1皮米到1纳米

波长范围：小于1皮米

1毫米（mm）=1000微米（um）

1微米（um）=1000纳米（nm）

1纳米（nm）=1000皮米（pm）

资料来源：维基百科

万维网

人类为自己织就了一张巨大而无形的网。

全球接入互联网的情况（接入互联网的家庭的百分比）

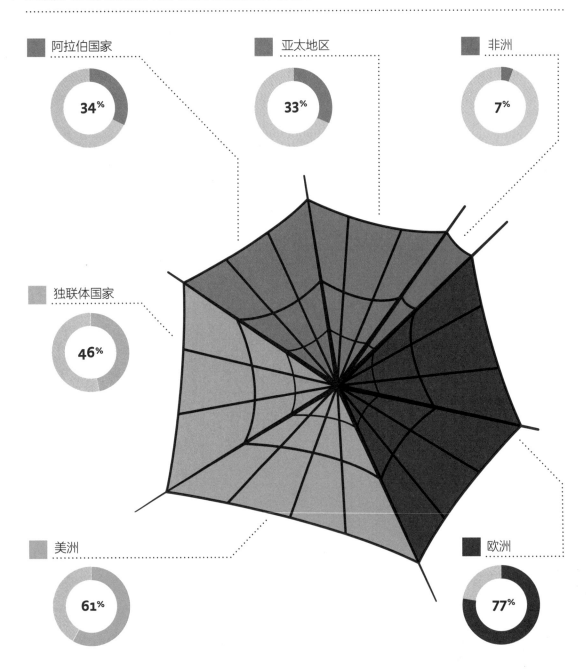

阿拉伯国家 34%

亚太地区 33%

非洲 7%

独联体国家 46%

美洲 61%

欧洲 77%

资料来源：alexa网站，geography.oii.ox.ac网站，itu网站

对极端天气的观测

不管你居住在哪里，当地的天气如何，与下面这些地方对比，你都会了解到自己有多幸运。如果你希望去更炎热、更潮湿或是更寒冷的地方生活，这些也是可以考虑的去处。

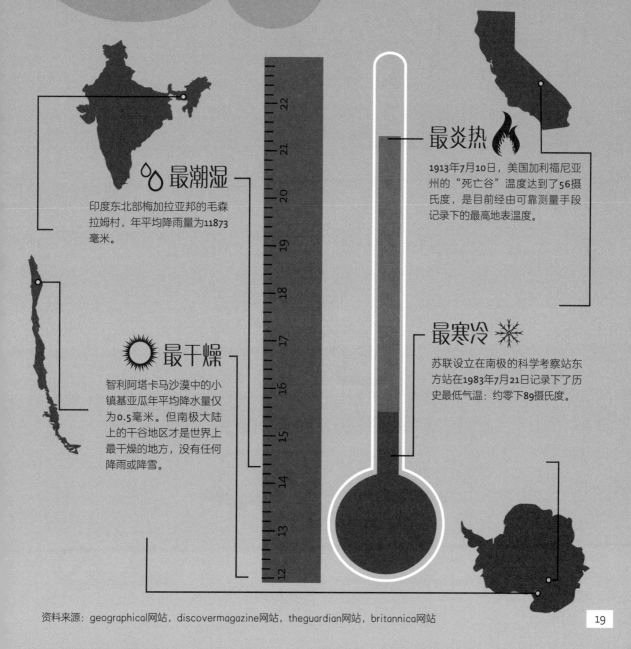

最潮湿

印度东北部梅加拉亚邦的毛森拉姆村，年平均降雨量为11873毫米。

最炎热

1913年7月10日，美国加利福尼亚州的"死亡谷"温度达到了56摄氏度，是目前经由可靠测量手段记录下的最高地表温度。

最干燥

智利阿塔卡马沙漠中的小镇基亚瓜年平均降水量仅为0.5毫米。但南极大陆上的干谷地区才是世界上最干燥的地方，没有任何降雨或降雪。

最寒冷

苏联设立在南极的科学考察站东方站在1983年7月21日记录下了历史最低气温：约零下89摄氏度。

资料来源：geographical网站，discovermagazine网站，theguardian网站，britannica网站

强大的风

什么样的风能被称为大风？什么风能被称为龙卷风？什么样的才算是台风？蒲福、藤田和萨菲尔－辛普森说了才算。那么龙卷风的风速能够达到多少呢？下面是一些分类标准，以及哪些人类活动和人造交通工具的最高速度能够达到对应风速。

人的速度	风速千米/时	>1		1 ~ 5.5		5.6 ~ 11		12 ~ 19
		20 ~ 28		29 ~ 38		39 ~ 49		50 ~ 61
		62 ~ 74		75 ~ 88		89 ~ 102		103 ~ 117
		118+		119 ~ 153		154 ~ 177		178 ~ 208
		209 ~ 251		252+		333 ~ 418		419 ~ 512

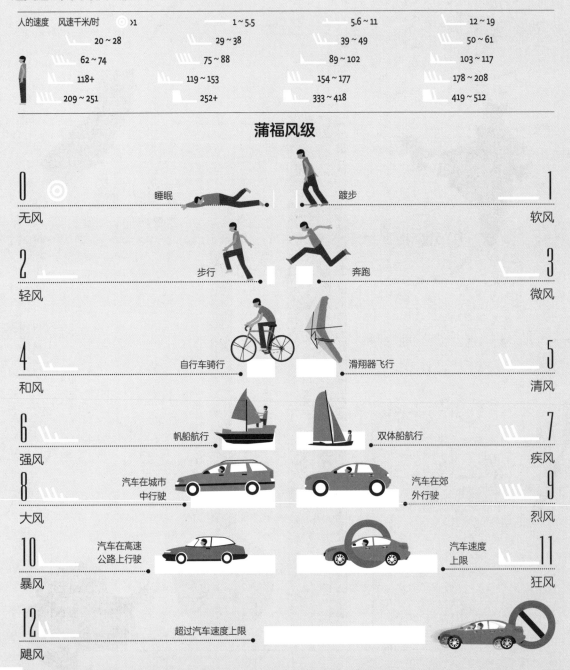

蒲福风级

0 无风

睡眠

蹞步

1 软风

2 轻风

步行

奔跑

3 微风

4 和风

自行车骑行

滑翔器飞行

5 清风

6 强风

帆船航行

双体船航行

7 疾风

8 大风

汽车在城市中行驶

汽车在郊外行驶

9 烈风

10 暴风

汽车在高速公路上行驶

汽车速度上限

11 狂风

12 飓风

超过汽车速度上限

藤田级数

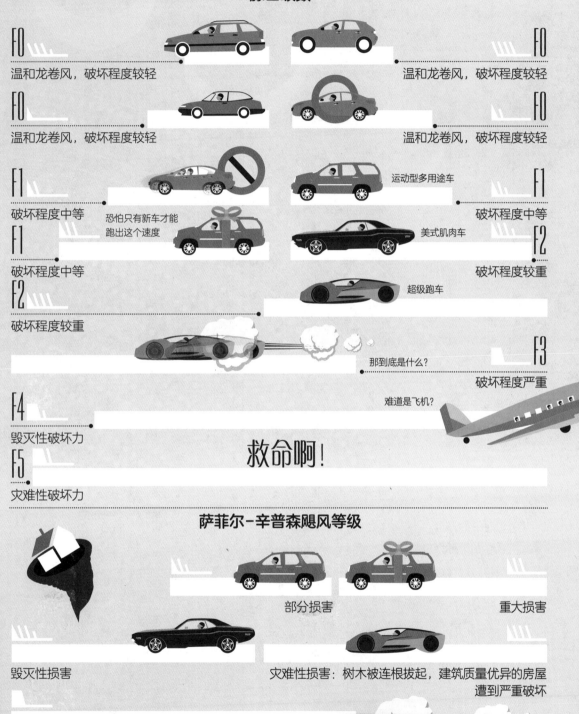

F0 温和龙卷风，破坏程度较轻

F0 温和龙卷风，破坏程度较轻

F0 温和龙卷风，破坏程度较轻

F0 温和龙卷风，破坏程度较轻

F1 破坏程度中等

F1 破坏程度中等　运动型多用途车

F1 破坏程度中等　　恐怕只有新车才能跑出这个速度

F2 破坏程度较重　美式肌肉车

F2 破坏程度较重

超级跑车

那到底是什么？

F3 破坏程度严重

F4 毁灭性破坏力　　难道是飞机？

救命啊！

F5 灾难性破坏力

萨菲尔-辛普森飓风等级

部分损害　　　重大损害

毁灭性损害

灾难性损害：树木被连根拔起，建筑质量优异的房屋遭到严重破坏

灾难性损害：大部分住宅房屋被毁坏

资料来源：noaa网站，metoffice网站，outlook网站

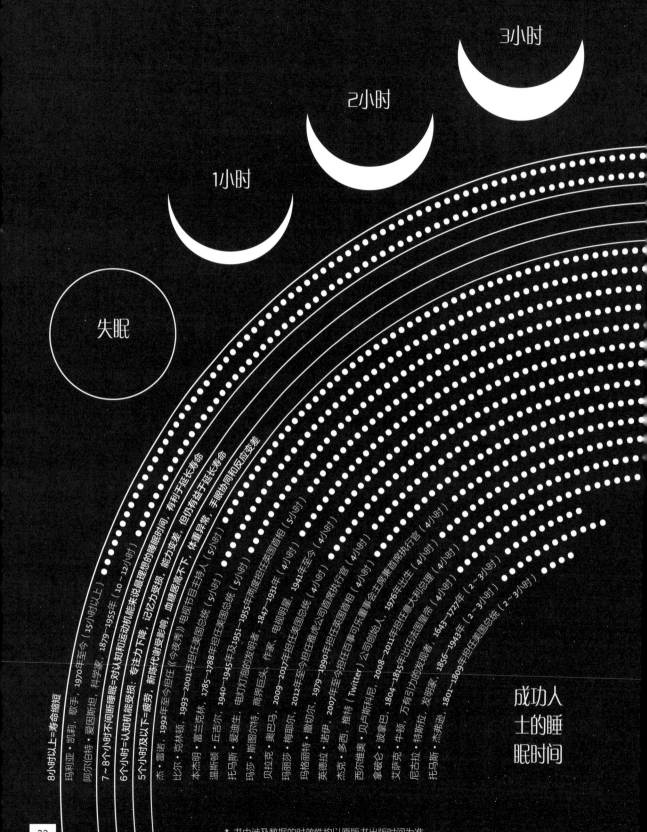

3小时

2小时

1小时

失眠

成功人士的睡眠时间

8小时以上=寿命缩短
玛利亚·凯莉, 歌手, 1970年至今 (15小时以上)
阿尔伯特·爱因斯坦, 科学家, 1879~1955年 (10~12小时)
7~8个小时不间断睡眠=对认知和运动机能来说是理想的睡眠时间
6个小时以下认知和机能受损, 专注力下降, 记忆力受损, 血糖居高不下, 有利于延长寿命
5个小时及以下=认知下降, 疲劳, 新陈代谢紊乱, 能力变差, 倒时差, 体重异常, 手脚协同和反应变差

杰·雷诺, 1992年至今担任《今夜秀》电视节目主持人 (5小时)
比尔·克林顿, 1993~2001年担任美国总统 (5小时)
本杰明·富兰克林, 1785~1788年及1951~1955年两度担任美国首任 (5小时)
温斯顿·丘吉尔, 1940~1945年担任英国首相 (5小时)
托马斯·爱迪生, 电灯泡的发明者, 商界巨头, 1847~1931年 (4小时)
玛莎·斯图尔特, 作家, 电视明星, 1941年至今 (4小时)
贝拉克·奥巴马, 2009~2017年担任美国总统 (4小时)
玛丽莎·梅厄尔, 撒切尔, 2012年至今担任雅虎公司首席执行官 (4小时)
玛格丽特·撒切尔, 1979~1990年担任英国首相 (4小时)
英迪拉·诺伊, 2007年至今担任百事可乐公司董事会主席兼首席执行官 (4小时)
杰克·多西, 推特 (Twitter) 公司创始人, 2008~2011年出生 (4小时)
西尔维奥·贝卢斯科尼, 1976年出生意大利总理 (4小时)
拿破仑·波拿巴, 1804~1815年出生法国军帝 (4小时)
艾萨克·牛顿, 万有引力的发现者, 发明家 (4小时)
尼古拉·特斯拉, 发明家, 1856~1943年 (2~3小时)
托马斯·杰弗逊, 1801~1809年担任美国总统 (2~3小时)

* 书中涉及数据的时效性均以原版书出版时间为准。

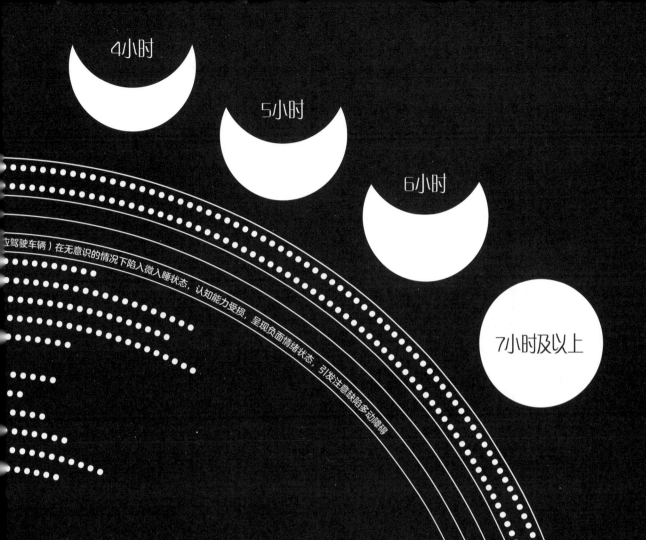

4小时

5小时

6小时

7小时及以上

（如驾驶车辆）在无意识的情况下陷入微入睡状态，认知能力受损，呈现负面情绪状态，引发注意缺陷多动障碍

成功的睡眠

历史上，我们总能看到有人大言不惭地断言，只有懦夫才需要睡眠。然而21世纪的科学研究显示，这完全是无稽之谈。当然，这样的误解并非完全来自他们的臆测，毕竟许多成功人士并没有做出好的榜样。

资料来源：维基百科，sleepfoundation网站

23

让它们重见天日！

通过下面的图示，我们可以看到各个国家的石油储量和每天的原油产量，从而粗略地了解到化石能源还能使用多长时间。每个国家的储量也反映出了谁能通过资源出口来获得最多的金钱和相应的影响力。

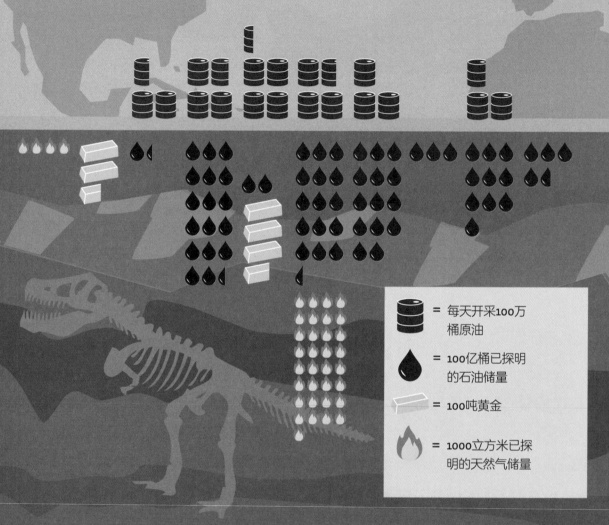

= 每天开采100万桶原油

= 100亿桶已探明的石油储量

= 100吨黄金

= 1000立方米已探明的天然气储量

阿尔及利亚　　澳大利亚　　巴西　　加拿大　　中国　　伊朗　　伊拉克　　哈萨克斯坦　　科威特　　利比亚

尼日利亚　秘鲁　卡塔尔　俄罗斯　沙特阿拉伯　南非　土库曼斯坦　阿联酋　美国　委内瑞拉

资料来源：nhc.noaa网站，metoffice网站，outlook网站

你到底是什么？人还是动物？

实际上人与其他物种之间的区别并不明显。人类基因组成的复杂程度只比果蝇稍高一点，而我们基因组的大小与有些物种比起来不值一提。

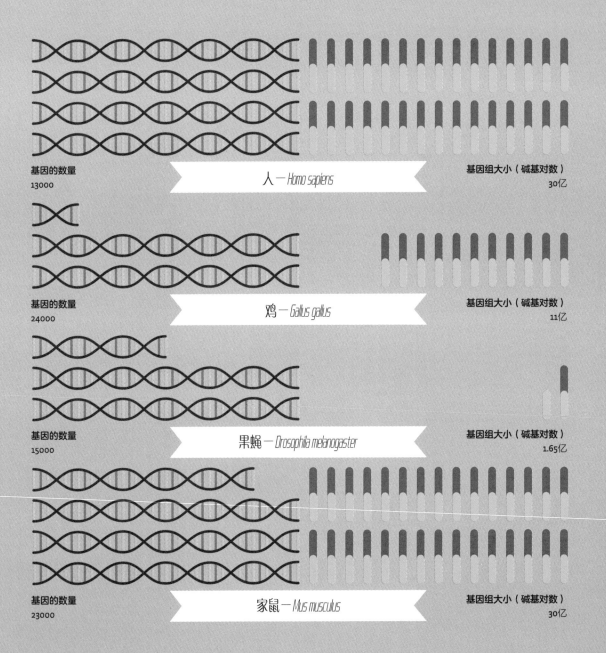

基因的数量
13000

人－*Homo sapiens*

基因组大小（碱基对数）
30亿

基因的数量
24000

鸡－*Gallus gallus*

基因组大小（碱基对数）
11亿

基因的数量
15000

果蝇－*Drosophila melanogaster*

基因组大小（碱基对数）
1.65亿

基因的数量
23000

家鼠－*Mus musculus*

基因组大小（碱基对数）
30亿

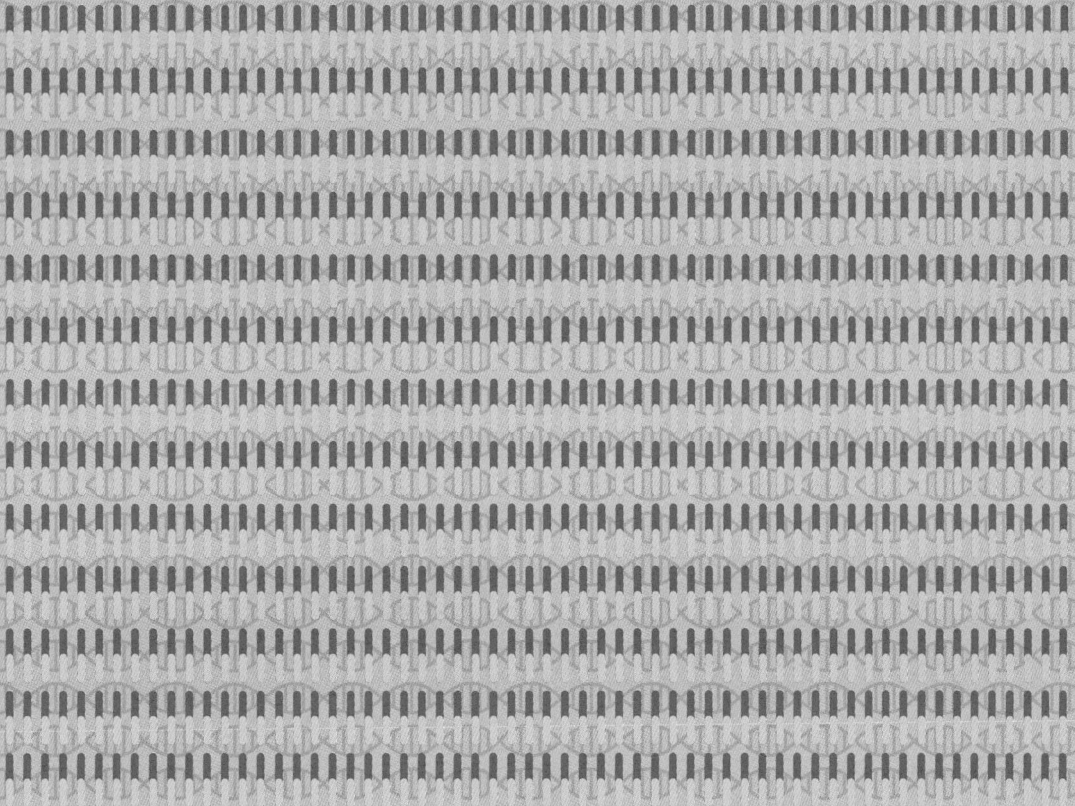

基因的数量
尚未完成测序

石花肺鱼 — *Protopterus aethiopicus*

基因组大小（碱基对数）
1300亿（动物中目前已知
最大的基因组）

资料来源：nature网站，《牛津生物学词典》，nih网站，genome网站

化学成分

一个体重为70千克的普通人由大约7×10^{27}个原子组成，体内能够被检测到60种化学元素。以下28种元素对生命和健康来说发挥了积极、有益的作用。

◆ 质量（千克）

3 Li 锂 ◆ 0.000007	**17 Cl** 氯 ◆ 0.095	**6 C** 碳 ◆ 16
24 Cr 铬 ◆ 0.000014	**12 Mg** 镁 ◆ 0.019	**7 N** 氮 ◆ 1.8
27 Co 钴 ◆ 0.000003	**26 Fe** 铁 ◆ 0.0042	**15 P** 磷 ◆ 0.78
28 Ni 镍 ◆ 0.000015	**30 Zn** 锌 ◆ 0.0023	**16 S** 硫 ◆ 0.14

8 O
氧
◆ 43

9 F
氟
◆ 0.0026

53 I
碘
◆ 0.00002

42 Mo
钼
◆ 0.000005

1 H
氢
◆ 7

14 Si
硅
◆ 0.001

25 Mn
锰
◆ 0.000012

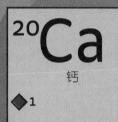

20 Ca
钙
◆ 1

34 Se
硒
◆ 0.00014

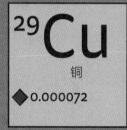

29 Cu
铜
◆ 0.000072

19 K
钾
◆ 0.14

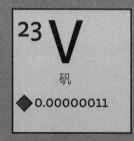

5 B
硼
◆ 0.000018

23 V
矾
◆ 0.00000011

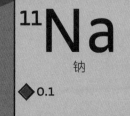

11 Na
钠
◆ 0.1

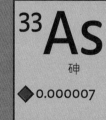

33 As
砷
◆ 0.000007

35 Br
溴
◆ 0.00026

资料来源：《大不列颠百科全书》《哈钦森未删节百科全书》，foresight网站

印欧语系的发展

　　人类相互交流的方式从公元前一万年的咕哝之音到21世纪的《江南Style》和网络语言，经历了长足的发展。专家认为，人类最初使用的可能是同一种原始印欧语言。随着不同的部落向全球各地展开迁徙，他们逐渐形成了自己的语言。

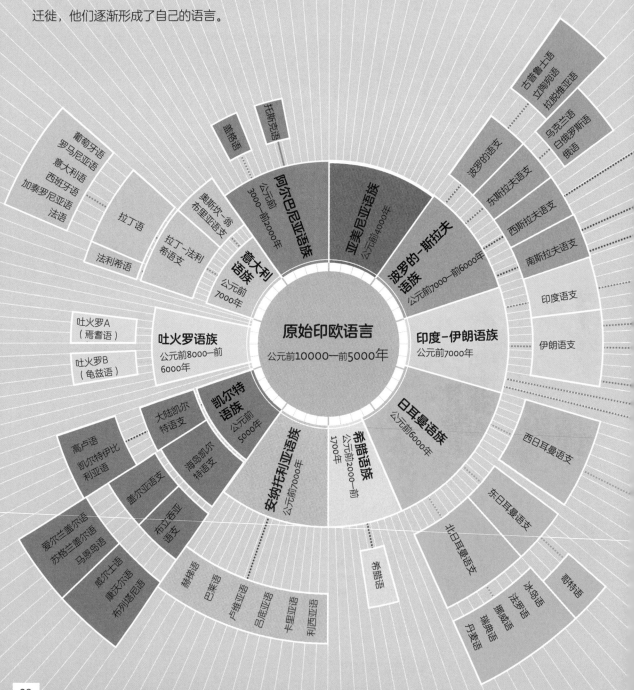

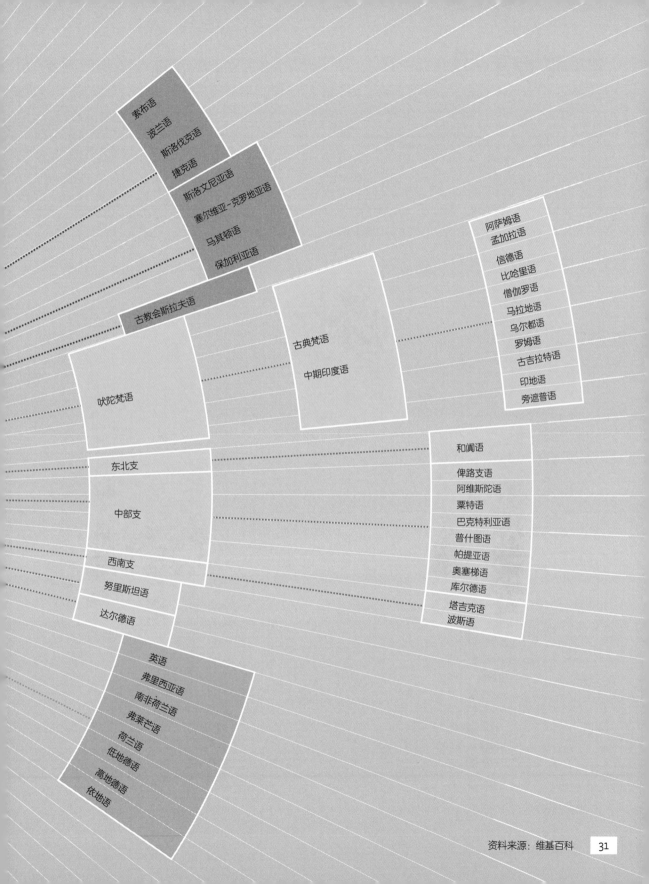

索布语
波兰语
斯洛伐克语
捷克语
斯洛文尼亚语
塞尔维亚 - 克罗地亚语
马其顿语
保加利亚语

古教会斯拉夫语

古典梵语
中期印度语

吠陀梵语

阿萨姆语
孟加拉语
信德语
比哈里语
僧伽罗语
马拉地语
乌尔都语
罗姆语
古吉拉特语
印地语
旁遮普语

东北支
中部支
西南支
努里斯坦语
达尔德语

和阗语
俾路支语
阿维斯陀语
粟特语
巴克特利亚语
普什图语
帕提亚语
奥塞梯语
库尔德语
塔吉克语
波斯语

英语
弗里西亚语
南非荷兰语
弗莱芒语
荷兰语
低地德语
高地德语
依地语

新能源发电

通过利用太阳能、风能和水能，许多国家用更加清洁的新能源来替代传统发电厂使用的化石能源。以下就是在新能源发电领域走在全球前列的一些国家。

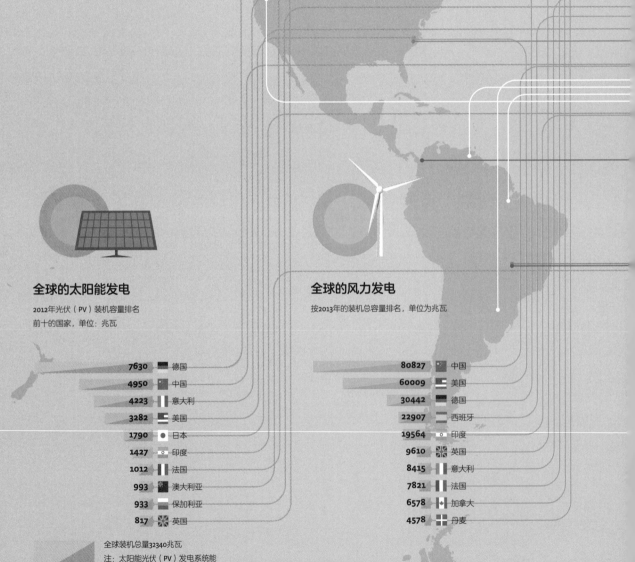

全球的太阳能发电

2012年光伏（PV）装机容量排名
前十的国家，单位：兆瓦

数值		国家
7630		德国
4950		中国
4223		意大利
3282		美国
1790		日本
1427		印度
1012		法国
993		澳大利亚
933		保加利亚
817		英国

全球装机总量32340兆瓦
注：太阳能光伏（PV）发电系统能
将太阳能直接转化为电能。

全球的风力发电

按2013年的装机总容量排名，单位为兆瓦

数值		国家
80827		中国
60009		美国
30442		德国
22907		西班牙
19564		印度
9610		英国
8415		意大利
7821		法国
6578		加拿大
4578		丹麦

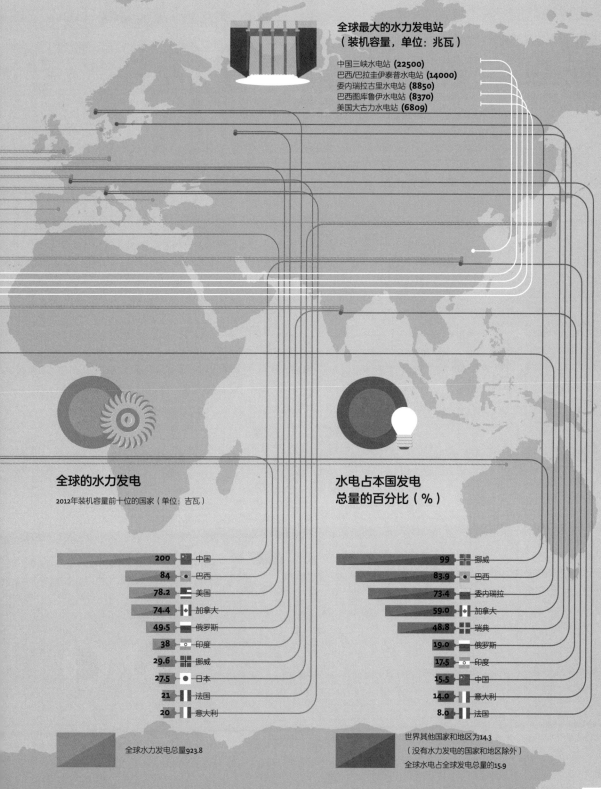

全球最大的水力发电站
（装机容量，单位：兆瓦）

中国三峡水电站 (22500)
巴西/巴拉圭伊泰普水电站 (14000)
委内瑞拉古里水电站 (8850)
巴西图库鲁伊水电站 (8370)
美国大古力水电站 (6809)

全球的水力发电

2012年装机容量前十位的国家（单位：吉瓦）

装机容量	国家
200	中国
84	巴西
78.2	美国
74.4	加拿大
49.5	俄罗斯
38	印度
29.6	挪威
27.5	日本
21	法国
20	意大利

全球水力发电总量923.8

水电占本国发电
总量的百分比（%）

百分比	国家
99	挪威
83.9	巴西
73.4	委内瑞拉
59.0	加拿大
48.8	瑞典
19.0	俄罗斯
17.5	印度
15.5	中国
14.0	意大利
8.0	法国

世界其他国家和地区为14.3
（没有水力发电的国家和地区除外）
全球水电占全球发电总量的15.9

资料来源：reneweconomy网站，wwindea网站，srren网站，wg3网站，earth-policy网站

死去比活着更有价值

器官移植非常昂贵，甚至还有其黑暗的一面。在美国，器官移植手术的高昂价格使得一些没有医疗保险的人无法享受这一服务，甚至因此出现了买卖人体器官的黑市。

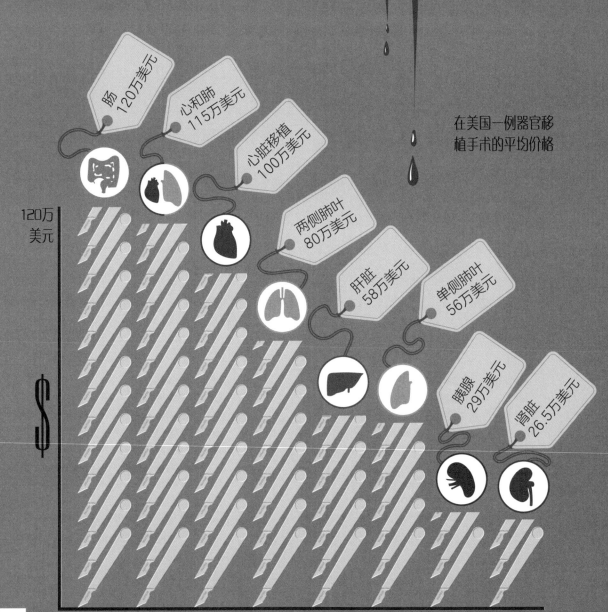

肠
120万美元

心和肺
115万美元

心脏移植
100万美元

在美国一例器官移植手术的平均价格

两侧肺叶
80万美元

肝脏
58万美元

单侧肺叶
56万美元

胰腺
29万美元

肾脏
26.5万美元

120万美元

$

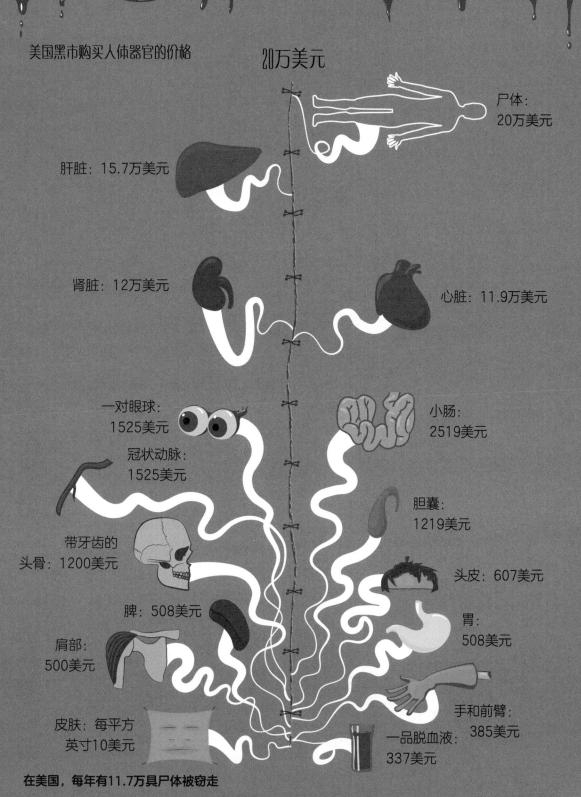

美国黑市购买人体器官的价格

20万美元

尸体：
20万美元

肝脏：15.7万美元

肾脏：12万美元

心脏：11.9万美元

一对眼球：
1525美元

小肠：
2519美元

冠状动脉：
1525美元

胆囊：
1219美元

带牙齿的
头骨：1200美元

头皮：607美元

脾：508美元

胃：
508美元

肩部：
500美元

皮肤：每平方
英寸10美元

手和前臂：
385美元

一品脱血液：
337美元

在美国，每年有11.7万具尸体被窃走

资料来源: gizmodo网站，statisticbrain网站，guardian网站，havocscope网站

太阳发光发热

太阳占了太阳系质量总和的99.8%。其质量是太阳系所有行星质量之和的743倍。如果没有太阳，我们就无法生存。但地球必须与太阳保持适当的距离，否则就会被烤焦。

质量：
1.9891×10³⁰千克

温度：
太阳核心的温度大约是
15000000° C

太阳表面（光球）的温度约为
5500°C

太阳的体积能够容纳130万个地球

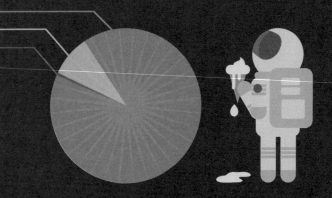

化学元素	占总原子数的百分比	占总质量的百分比
氢	91.2	71.0
氦	8.7	27.1
氧	0.078	0.97
碳	0.043	0.40
氮	0.0088	0.096
硅	0.0045	0.099
镁	0.0038	0.076
氖	0.0035	0.058
铁	0.030	0.014
硫	0.015	0.040

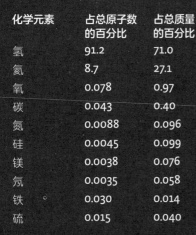

资料来源：《大不列颠百科全书》，nasa网站

一天47个小时

如果你在国际日期变更线（IDL）以西登上一架飞机并继续向西飞行，随着地球自转，你的运动轨迹就可以与阳光同步，时间就会"变慢"。每小时的飞行距离不要超过一个时区，理论上你可以把一天延长到47小时59分59秒。

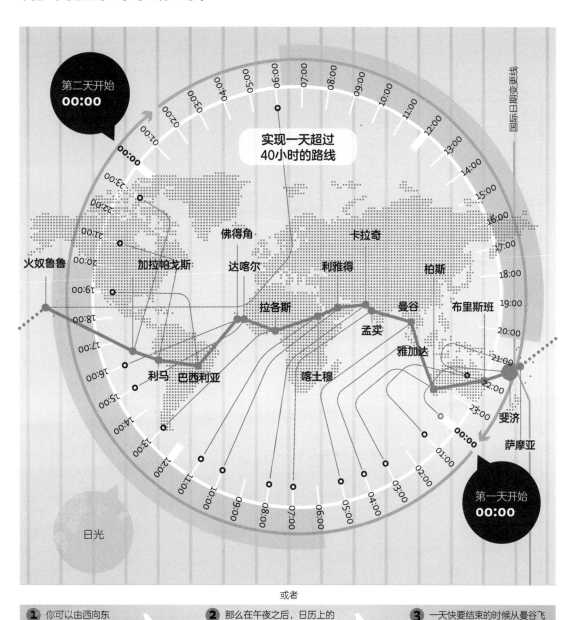

或者

① 你可以由西向东穿过IDL，这样日期就减一天。

② 那么在午夜之后，日历上的时间就又会重复IDL西侧的日期。

③ 一天快要结束的时候从曼谷飞到火奴鲁鲁，就可以把同一天过两遍了。

资料来源：worldatlas网站

新的行星，新的你

　　不去健身房就想减肥？不晒日光浴就想获得小麦色的皮肤？只要搬到另一颗行星，这些都能实现。以下是对一些行星的介绍，帮你了解它们距离太阳有多远，登上这些行星之后体重又会变得多轻。

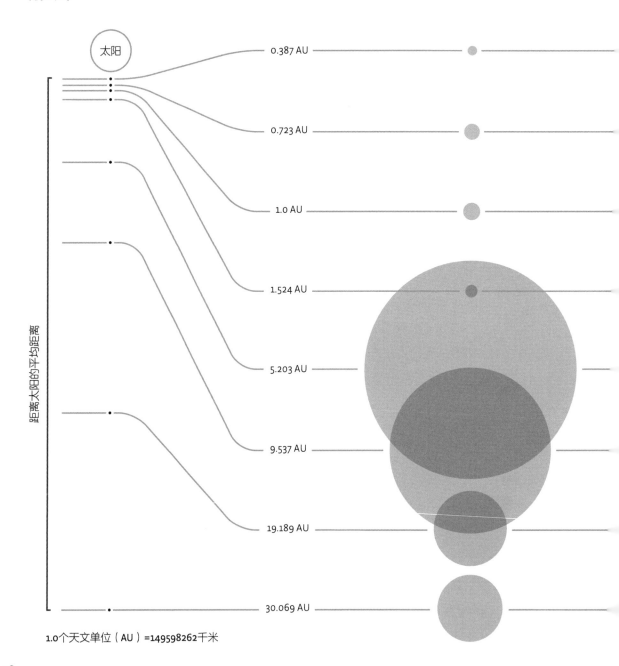

距离太阳的平均距离

太阳

0.387 AU

0.723 AU

1.0 AU

1.524 AU

5.203 AU

9.537 AU

19.189 AU

30.069 AU

1.0个天文单位（AU）=149598262千米

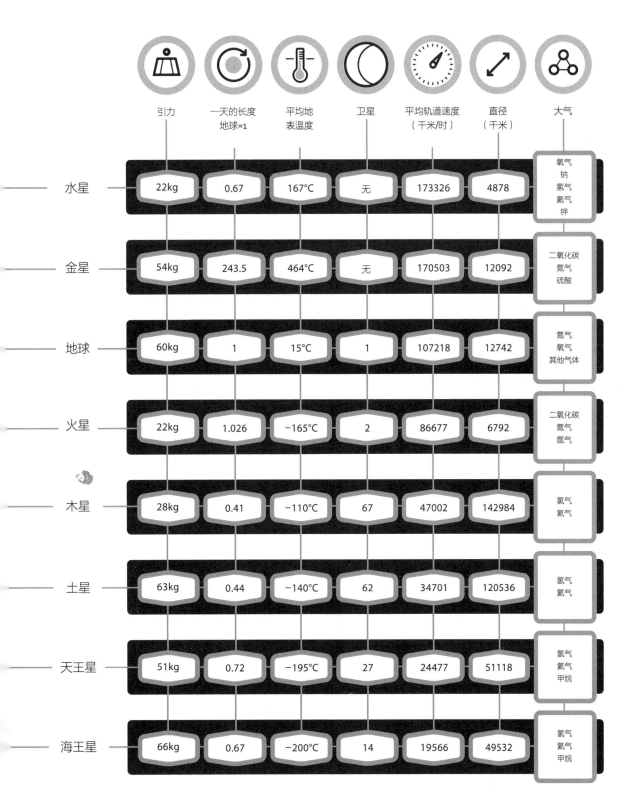

	引力 地球=1	一天的长度	平均地 表温度	卫星	平均轨道速度 （千米/时）	直径 （千米）	大气
水星	22kg	0.67	167℃	无	173326	4878	氧气 钠 氢气 氦气 钾
金星	54kg	243.5	464℃	无	170503	12092	二氧化碳 氮气 硫酸
地球	60kg	1	15℃	1	107218	12742	氮气 氧气 其他气体
火星	22kg	1.026	−165℃	2	86677	6792	二氧化碳 氮气 氩气
木星	28kg	0.41	−110℃	67	47002	142984	氢气 氦气
土星	63kg	0.44	−140℃	62	34701	120536	氢气 氦气
天王星	51kg	0.72	−195℃	27	24477	51118	氢气 氦气 甲烷
海王星	66kg	0.67	−200℃	14	19566	49532	氢气 氦气 甲烷

资料来源：《牛津天文学词典》，nasa网站

生生不息

经常有人说，与现在相比，未来的人口数量将会发生巨大的变化。但真的是这样吗？以下是对接下来近一个世纪人口的性别和年龄段所做的预测。

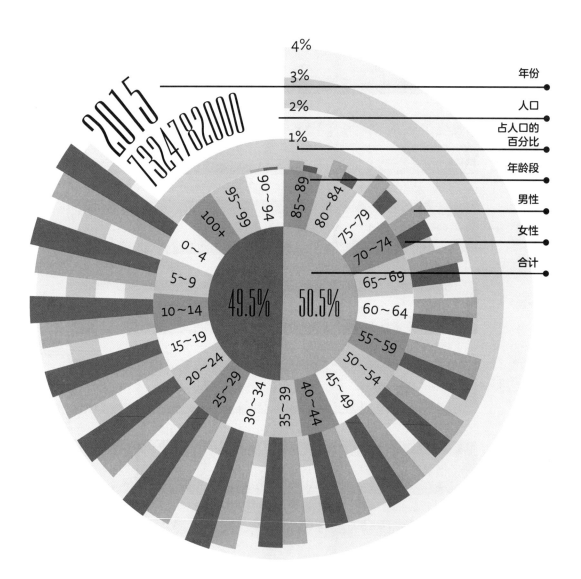

注：由于对数值进行了四舍五入，两性人口的百分比相加不一定为100%，主要原因是概率模型和软件在对数据进行处理的时候没有考虑百分比的问题。

资料来源：populationpyramid网站，联合国网站，economist网站

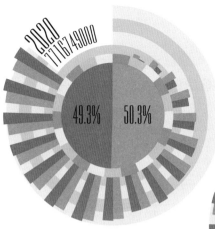

2020
7116749000
49.3% 50.3%

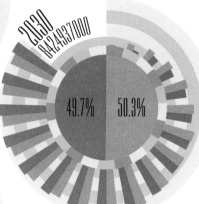

2030
8424937000
49.7% 50.3%

2040
9038687000
49.8% 49.8%

2050
9550944000
49.7% 50.3%

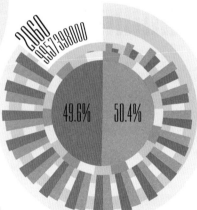

2060
9957398000
49.6% 50.4%

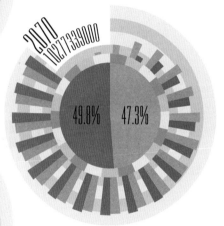

2070
10277339000
49.8% 47.3%

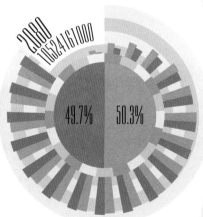

2080
10524161000
49.7% 50.3%

2090
10717401000
49.8% 50.2%

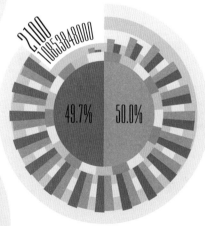

2100
10853848000
49.7% 50.0%

不起眼的噪声制造者

世界上有一种名叫小划蝽的昆虫，尽管尺寸比黑腹果蝇还小，却能够发出比大象更响的声音——以身体比例计算，它是地球上声音最大的生物。下图显示了各个物种按体型大小调整过后能够制造噪声的分贝数。

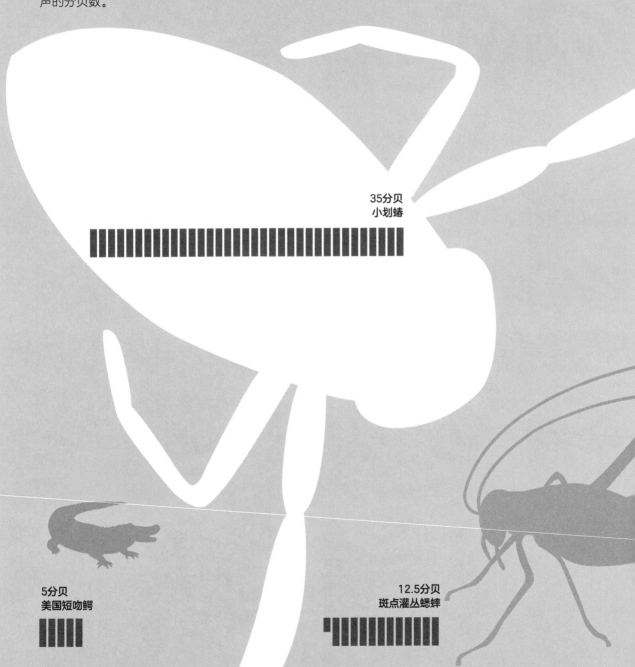

35分贝
小划蝽

5分贝
美国短吻鳄

12.5分贝
斑点灌丛螽蟀

 资料来源：Dr James Windmill, University of Strathclyde

12分贝
箱头蛙

6分贝
黑腹果蝇

3.5分贝
非洲象

19分贝
鼓虾

11分贝
蝉

7分贝
冬鹪鹩

4分贝
人

12.5分贝
宽吻海豚

飞啊，飞啊，一飞冲天

　　世界上吞吐量最大的航空枢纽并不一定就是旅客最多的机场，下面两幅图分别从起降航班架次和旅客数量两个角度排出了名列前茅的机场，两者的对比充分说明了这一点。

最繁忙的10座机场
排名标准为每年起降的航班总架次

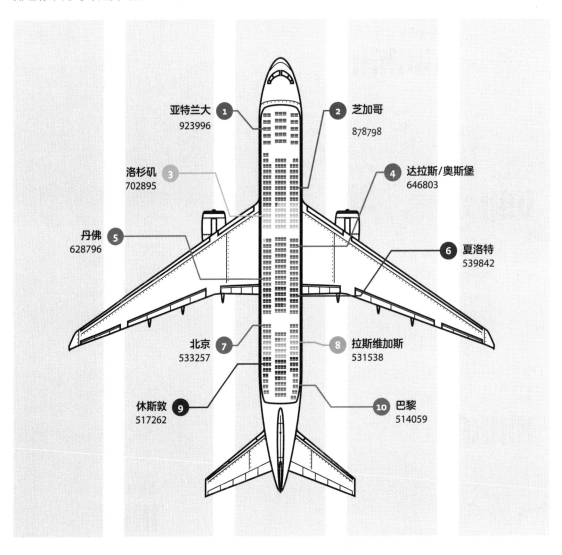

亚特兰大 ① 923996

芝加哥 ② 878798

洛杉矶 ③ 702895

达拉斯/奥斯堡 ④ 646803

丹佛 ⑤ 628796

夏洛特 ⑥ 539842

北京 ⑦ 533257

拉斯维加斯 ⑧ 531538

休斯敦 ⑨ 517262

巴黎 ⑩ 514059

排名前10的机场每年起降航班总架次　6417246
图示上飞机的座椅总数　425

1个座椅 = 15099架飞机

最繁忙的10座机场
排名标准为每年旅客总量

排名前10机场的旅客总数： 660213679
图示上飞机的座椅总数： 425

1个 = 1553444
座椅 名乘客

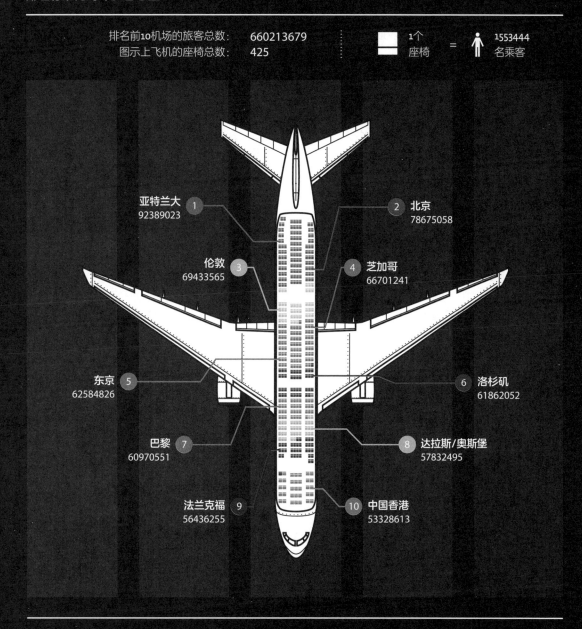

亚特兰大 ①
92389023

② 北京
78675058

伦敦 ③
69433565

④ 芝加哥
66701241

东京 ⑤
62584826

⑥ 洛杉矶
61862052

巴黎 ⑦
60970551

⑧ 达拉斯/奥斯堡
57832495

法兰克福 ⑨
56436255

⑩ 中国香港
53328613

据统计，不论什么时间，全球都大约有400000名乘客正在搭乘飞机旅行。

在美国共有15500名空中交通管制员，每天需要管理50000架次的航班，乘机人数170万
相当于1名空中交通管制员需要同时为大约110名正在天空中飞行的旅客服务。

资料来源：aci.aero网站，theatlantic网站，faa网站，natca网站，airport-technology网站

恐高症

法国人亚伦·罗伯特将攀爬世界上的高大建筑作为自己的追求和爱好，因此被称为"蜘蛛侠"。有时爬上一座高楼需要6个小时的时间，但假如不幸失足，只要几秒钟就会落到地面。下面列举了一些建筑及从最高处跌落地面所需的时间，其中一些建筑已经被他征服，还有一些也许就是他接下来的目标。

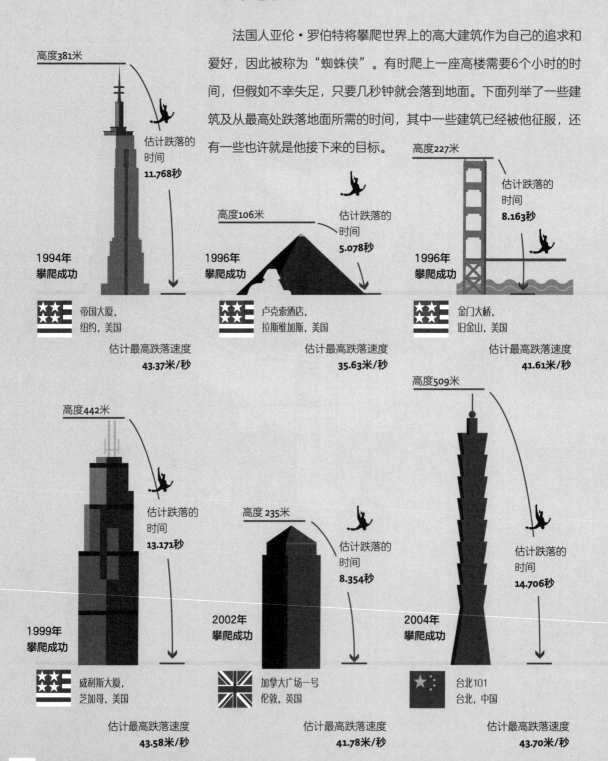

高度381米

估计跌落的
时间
11.768秒

1994年
攀爬成功

帝国大厦，
纽约，美国

估计最高跌落速度
43.37米/秒

高度106米

估计跌落的
时间
5.078秒

1996年
攀爬成功

卢克索酒店，
拉斯维加斯，美国

估计最高跌落速度
35.63米/秒

高度227米

估计跌落的
时间
8.163秒

1996年
攀爬成功

金门大桥，
旧金山，美国

估计最高跌落速度
41.61米/秒

高度442米

估计跌落的
时间
13.171秒

1999年
攀爬成功

威利斯大厦，
芝加哥，美国

估计最高跌落速度
43.58米/秒

高度235米

估计跌落的
时间
8.354秒

2002年
攀爬成功

加拿大广场一号
伦敦，英国

估计最高跌落速度
41.78米/秒

高度509米

估计跌落的
时间
14.706秒

2004年
攀爬成功

台北101
台北，中国

估计最高跌落速度
43.70米/秒

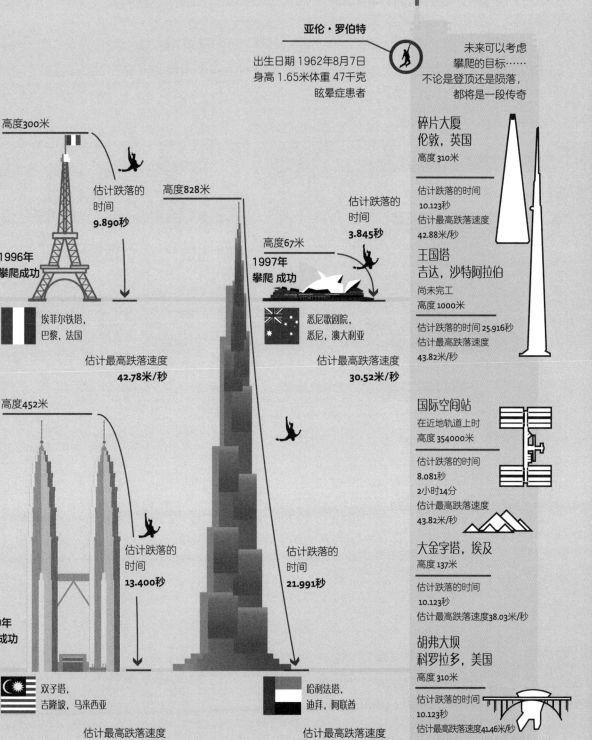

亚伦·罗伯特

出生日期 1962年8月7日
身高 1.65米 体重 47千克
眩晕症患者

未来可以考虑
攀爬的目标……
不论是登顶还是陨落，
都将是一段传奇

高度300米

估计跌落的
时间
9.890秒

1996年
攀爬成功

埃菲尔铁塔，
巴黎，法国

估计最高跌落速度
42.78米/秒

高度828米

高度67米

估计跌落的
时间
3.845秒

1997年
攀爬 成功

悉尼歌剧院，
悉尼，澳大利亚

估计最高跌落速度
30.52米/秒

碎片大厦
伦敦，英国
高度310米

估计跌落的时间
10.123秒
估计最高跌落速度
42.88米/秒

王国塔
吉达，沙特阿拉伯
尚未完工
高度1000米

估计跌落的时间 25.916秒
估计最高跌落速度
43.82米/秒

国际空间站
在近地轨道上时
高度354000米

估计跌落的时间
8.081秒
2小时14分
估计最高跌落速度
43.82米/秒

大金字塔，埃及
高度137米

估计跌落的时间
10.123秒
估计最高跌落速度38.03米/秒

高度452米

估计跌落的
时间
13.400秒

估计跌落的
时间
21.991秒

2009年
攀爬成功

双子塔，
吉隆坡，马来西亚

估计最高跌落速度
43.60米/秒

哈利法塔，
迪拜，阿联酋

估计最高跌落速度
43.81米/秒

胡弗大坝
科罗拉多，美国
高度310米

估计跌落的时间
10.123秒
估计最高跌落速度41.46米/秒

资料来源: alainrobert网站，keisan网站，维基百科，nasa网站，pbs网站，usbr网站

城市交通的疯狂

全球主要城市的交通拥堵一直是个全球性热点问题，许多机构都会定期发布研究报告，告诉我们哪些城市交通状况最糟糕、路况最差、最令人沮丧。当然这些报告得出的结论并不完全一致。

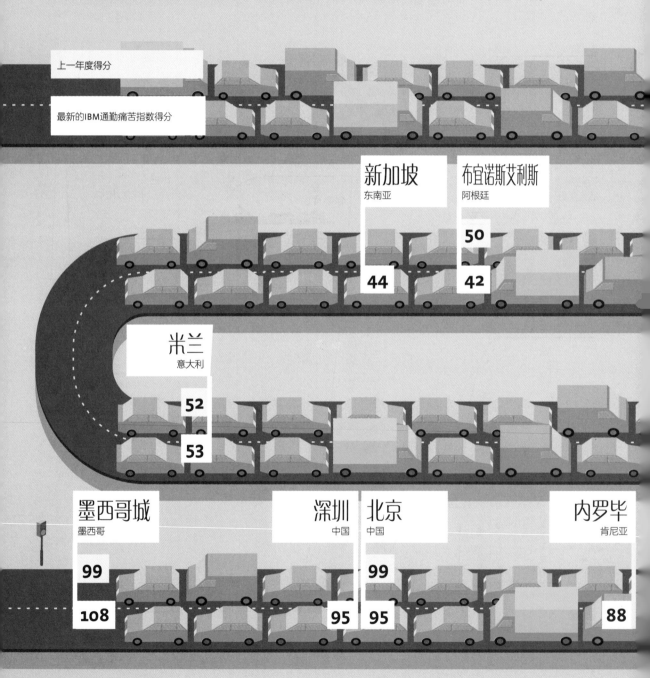

上一年度得分

最新的IBM通勤痛苦指数得分

新加坡
东南亚
44

布宜诺斯艾利斯
阿根廷
50
42

米兰
意大利
52
53

墨西哥城
墨西哥
99
108

深圳
中国
95

北京
中国
99
95

内罗毕
肯尼亚
88

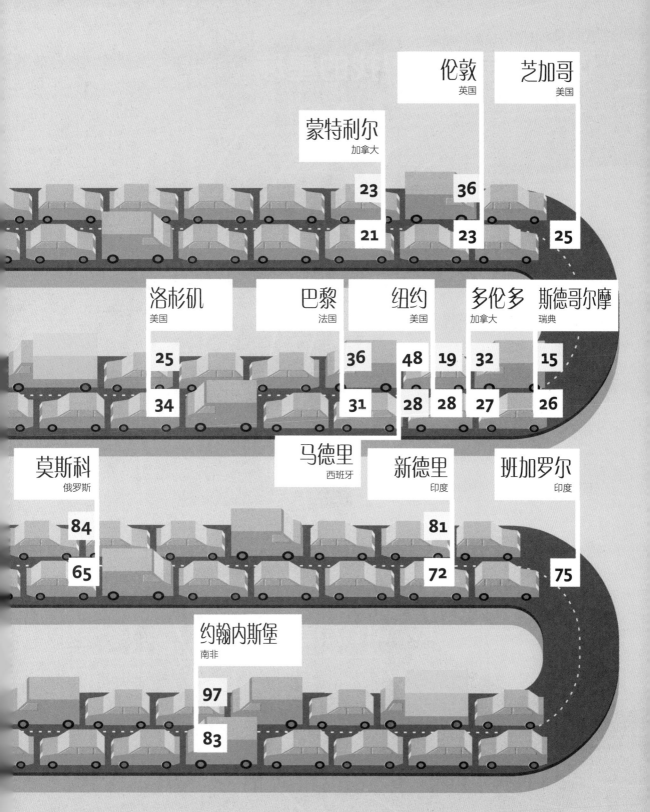

伦敦
英国

芝加哥
美国

蒙特利尔
加拿大

23
21

36
23

25

洛杉矶
美国

巴黎
法国

纽约
美国

多伦多
加拿大

斯德哥尔摩
瑞典

25
34

36
31

48
28

19
28

32
27

15
26

莫斯科
俄罗斯

马德里
西班牙

新德里
印度

班加罗尔
印度

84
65

81
72

75

约翰内斯堡
南非

97
83

资料来源: IBM, 维基百科, forbes网站

这里不是你们寻找的星球

在1977年上映的《星球大战4》中，黑暗尊主达斯·维德颇为自豪地说道："与原力相比，即便是摧毁星辰的力量也显得微不足道。"而电影中被摧毁的"死星"的大小约是地球的四分之一。右图展示了摧毁各个行星所需的能量。当然，欧比旺大师会解释这些并不是真正的目标，从而将这股力量引向他处……

太阳

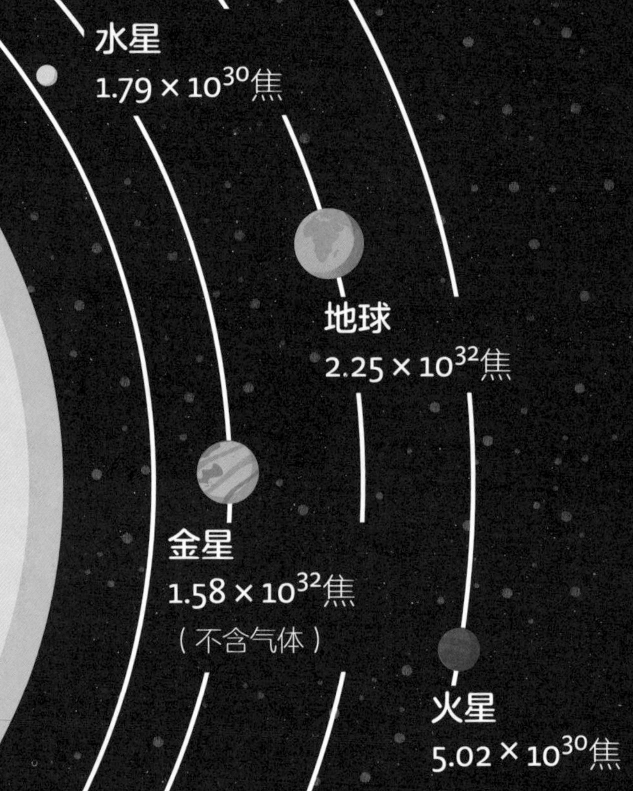

水星
1.79×10^{30}焦

地球
2.25×10^{32}焦

金星
1.58×10^{32}焦
（不含气体）

火星
5.02×10^{30}焦

计算方程式

$$U = \frac{GM_P^2}{5R_P}$$

G：引力常数

M_P：行星质量

R_p：行星半径

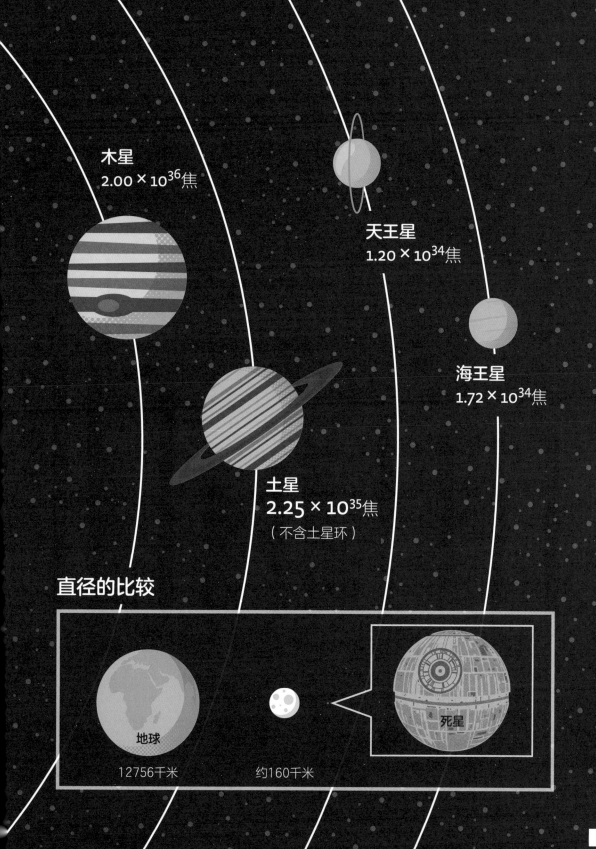

木星
2.00×10^{36}焦

天王星
1.20×10^{34}焦

海王星
1.72×10^{34}焦

土星
2.25×10^{35}焦
（不含土星环）

直径的比较

地球
12756千米

约160千米

死星

未来的超级城市

据联合国的预测，到2030年，60%的人类将居住在城市中。城市只占据了地球上陆地面积的2%，却贡献了全球能耗的巨大部分。根据下面这张1950-2025年城市成长的图表，未来10年中，全球95%的城市发展都将发生在发展中国家。

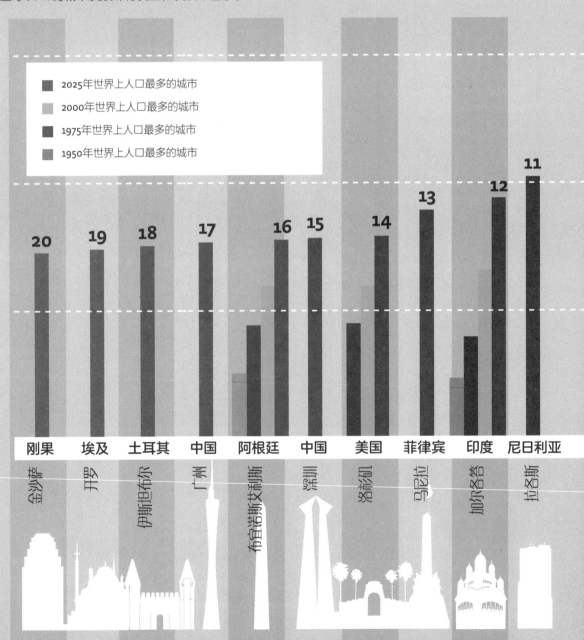

- 2025年世界上人口最多的城市
- 2000年世界上人口最多的城市
- 1975年世界上人口最多的城市
- 1950年世界上人口最多的城市

| 20 | 19 | 18 | 17 | 16 | 15 | 14 | 13 | 12 | 11 |

| 刚果 | 埃及 | 土耳其 | 中国 | 阿根廷 | 中国 | 美国 | 菲律宾 | 印度 | 尼日利亚 |

金沙萨　开罗　伊斯坦布尔　广州　布宜诺斯艾利斯　深圳　洛杉矶　马尼拉　加尔各答　拉各斯

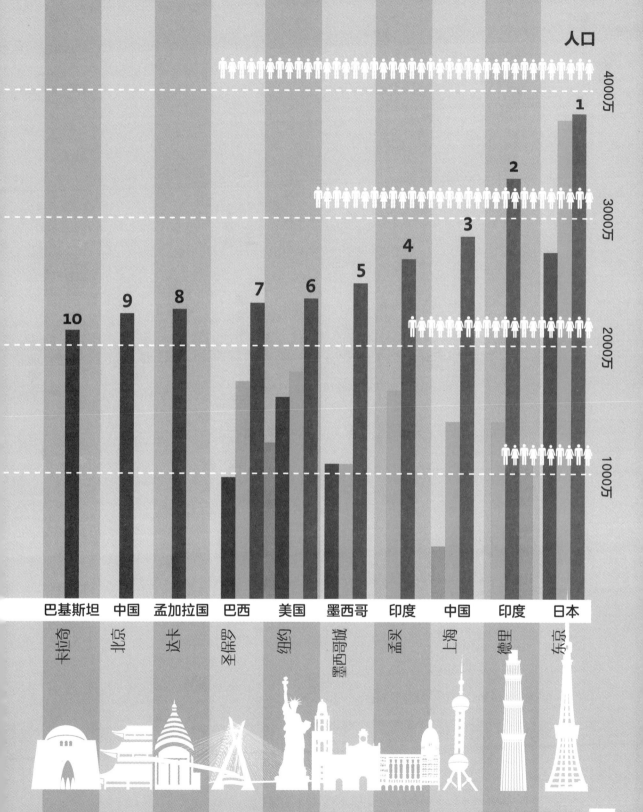

人口

4000万

3000万

2000万

1000万

| 10 | 9 | 8 | 7 | 6 | 5 | 4 | 3 | 2 | 1 |

| 巴基斯坦 | 中国 | 孟加拉国 | 巴西 | 美国 | 墨西哥 | 印度 | 中国 | 印度 | 日本 |

卡拉奇　北京　达卡　圣保罗　纽约　墨西哥城　孟买　上海　德里　东京

资料来源：联合国网站

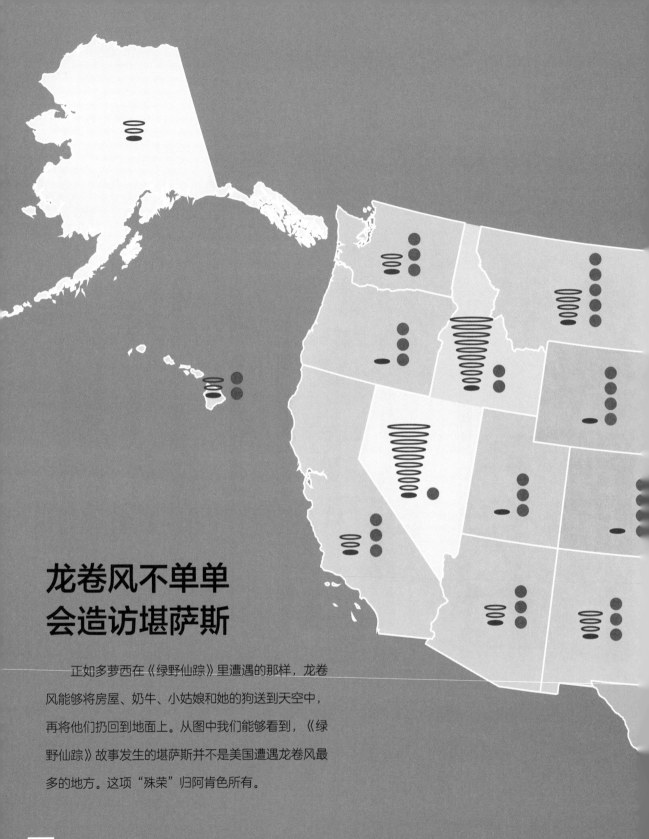

龙卷风不单单
会造访堪萨斯

　　正如多萝西在《绿野仙踪》里遭遇的那样，龙卷
风能够将房屋、奶牛、小姑娘和她的狗送到天空中，
再将他们扔回到地面上。从图中我们能够看到，《绿
野仙踪》故事发生的堪萨斯并不是美国遭遇龙卷风最
多的地方。这项"殊荣"归阿肯色所有。

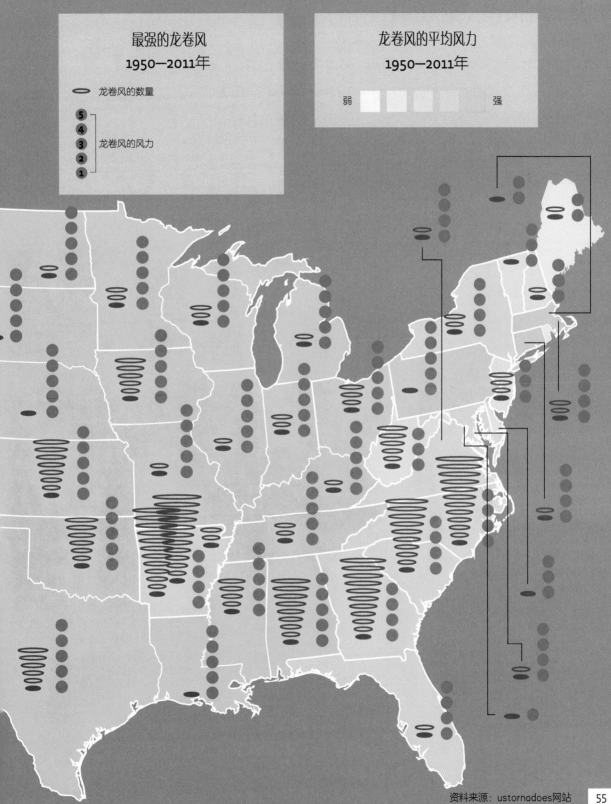

犬类的血统演化

一般认为，普通家犬（*canis domesticus*）是在15000—30000年前从灰狼（*canis lupus*）中分化出来的。所有现代犬类的共同祖先都是一种由灰狼演化而来的食肉类犬科哺乳动物，但这种原始犬类已经灭绝。

如果以两种古老的犬种——萨摩耶犬和埃及灵缇为例，我们可以看到它们繁育出了多种多样的后代，包括吉娃娃犬、贵宾犬、西班牙猎犬、比格犬、腊肠犬、约克夏梗——世界上最小的狗。

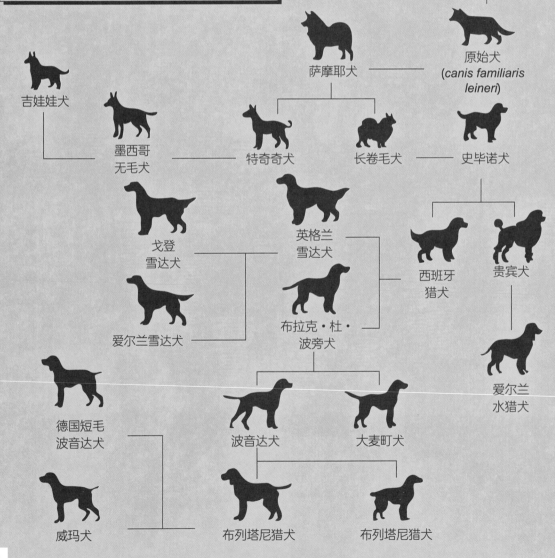

灰狼
(*canis lupus*)

萨摩耶犬 —— 原始犬
(*canis familiaris leineri*)

吉娃娃犬

墨西哥无毛犬 —— 特奇奇犬   长卷毛犬 —— 史毕诺犬

戈登雪达犬   英格兰雪达犬   西班牙猎犬   贵宾犬

爱尔兰雪达犬   布拉克·杜·波旁犬   爱尔兰水猎犬

德国短毛波音达犬   波音达犬   大麦町犬

威玛犬   布列塔尼猎犬   布列塔尼猎犬

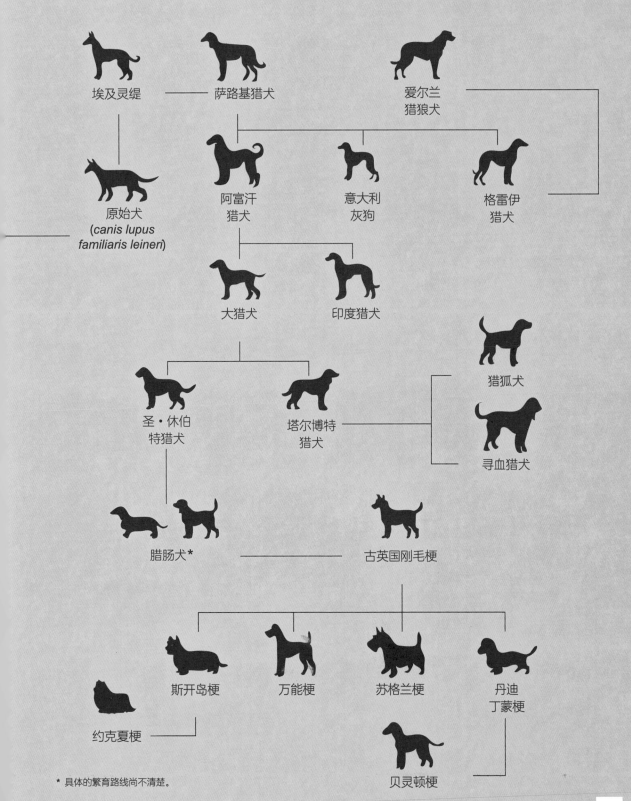

埃及灵缇 —— 萨路基猎犬

爱尔兰猎狼犬

原始犬
(*canis lupus familiaris leineri*)

阿富汗猎犬

意大利灰狗

格雷伊猎犬

大猎犬

印度猎犬

圣·休伯特猎犬

塔尔博特猎犬

猎狐犬

寻血猎犬

腊肠犬* —— 古英国刚毛梗

约克夏梗

斯开岛梗

万能梗

苏格兰梗

丹迪丁蒙梗

贝灵顿梗

* 具体的繁育路线尚不清楚。

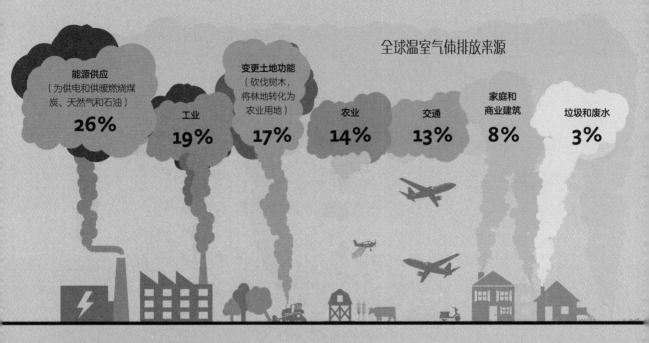

全球温室气体排放来源

能源供应
（为供电和供暖燃烧煤炭、天然气和石油）
26%

工业
19%

变更土地功能
（砍伐树木，将林地转化为农业用地）
17%

农业
14%

交通
13%

家庭和商业建筑
8%

垃圾和废水
3%

温室气体的排放

温室气体包括哪些？其来源有哪些？

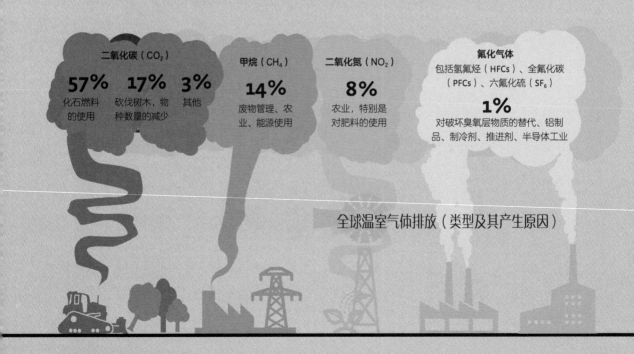

二氧化碳（CO_2）
57%
化石燃料的使用
17%
砍伐树木，物种数量的减少
3%
其他

甲烷（CH_4）
14%
废物管理、农业、能源使用

二氧化氮（NO_2）
8%
农业，特别是对肥料的使用

氟化气体
包括氢氟烃（HFCs）、全氟化碳（PFCs）、六氟化硫（SF_6）
1%
对破坏臭氧层物质的替代、铝制品、制冷剂、推进剂、半导体工业

全球温室气体排放（类型及其产生原因）

资料来源：epa网站,edgar网站, Oxford Companion to Global Change

牛

1头牛1年可以排放80~100kg甲烷。

在美国，牛每年排放的甲烷可达到550万吨。

全球牛总量约为12亿头，每年排放甲烷1.14万吨。

是飞机，还是汽车？
都不是，是牛

气候变化常被归咎于商业航班、人们对汽车的过度依赖和为获取肉类而饲养庞大的牛群。那么，其中到底是哪个每年向大气中排放有害气体的量最大呢？

波音737客机

（假定飞机每年飞行距离为50万千米）

飞机在780千米/时的巡航速度下，CO_2排放量为90千克/时，飞行时间为500000/780=641小时，每年CO_2总排放量为641×90=57690千克≈每年58吨CO_2。

丰田普锐斯2013款轿车

假定普锐斯的行驶距离为每年12000千米

一台普锐斯轿车的CO_2排放量为49克/千米=0.049千克/千米相当于每年588千克CO_2。

资料来源：carbonindependent网站，epa网站，data360网站

比飞机声音还响的虾

尽管人类已经非常强大了，但我们并不能制造出地球上最响的噪声。实际上，一种普通的鼓虾仅仅通过猛烈闭合自己的虾钳，就能发出比喷气式飞机全速前进时更响的声音。由此产生的气泡可以释放出接近太阳温度的热量。下图将人造噪声与自然界声音的分贝数做了一个比较。

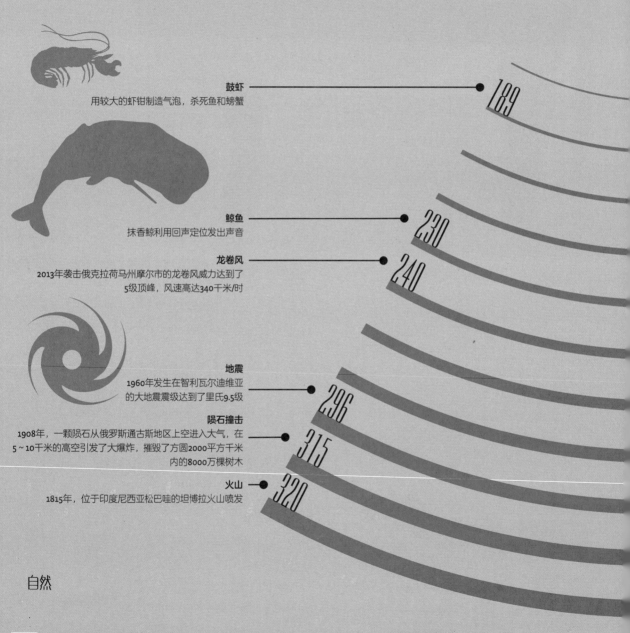

鼓虾
用较大的虾钳制造气泡，杀死鱼和螃蟹
189

鲸鱼
抹香鲸利用回声定位发出声音
230

龙卷风
2013年袭击俄克拉荷马州摩尔市的龙卷风威力达到了
5级顶峰，风速高达340千米/时
240

地震
1960年发生在智利瓦尔迪维亚
的大地震震级达到了里氏9.5级
296

陨石撞击
1908年，一颗陨石从俄罗斯通古斯地区上空进入大气，在
5~10千米的高空引发了大爆炸，摧毁了方圆2000平方千米
内的8000万棵树木
315

火山
1815年，位于印度尼西亚松巴哇的坦博拉火山喷发
320

自然

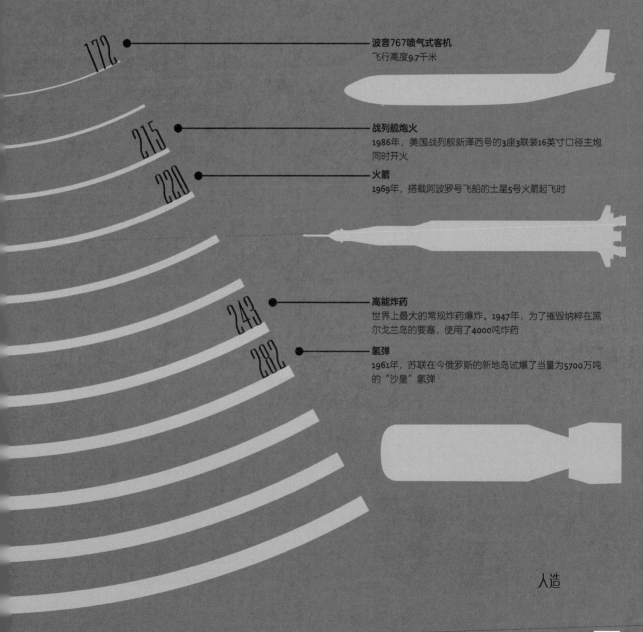

波音767喷气式客机
飞行高度9.7千米

172

战列舰炮火
1986年，美国战列舰新泽西号的3座3联装16英寸口径主炮同时开火

215

火箭
1969年，搭载阿波罗号飞船的土星5号火箭起飞时

220

高能炸药
世界上最大的常规炸药爆炸。1947年，为了摧毁纳粹在黑尔戈兰岛的要塞，使用了4000吨炸药

243

氢弹
1961年，苏联在今俄罗斯的新地岛试爆了当量为5700万吨的"沙皇"氢弹

282

人造

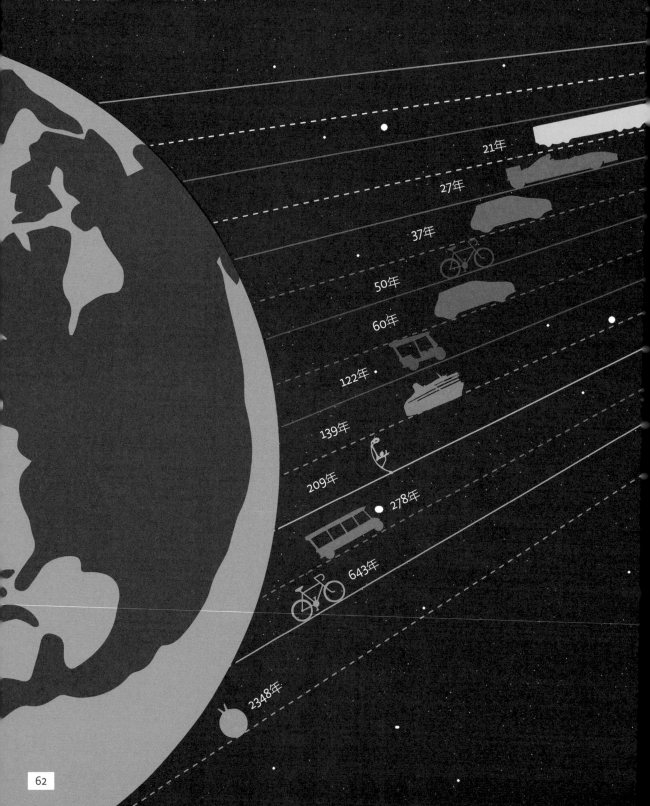

从地球到火星——5600万千米!

21年

27年

37年

50年

60年

122年

139年

209年

278年

643年

2348年

10个月

0.1秒

6.4年

我们何时才能到达火星？

如今，美国国家航空航天局（NASA）会定期向火星发送探测器，也许在不久的将来，人类就能登上火星。对于雄心勃勃的旅行者来说，左图估计了乘用不同的交通工具完成这段旅程需要多少时间。

联邦星舰企业号（《星际迷航》）

NASA火星大气与挥发物演化任务探测器

千年隼号（《星球大战》）

日本子弹头列车

世界一级方程式锦标赛（法拉利）

丰田普锐斯（最高速度）

自行车（竞赛型）

丰田普锐斯（高速公路限速）

突突车（常见于东南亚和南亚的交通工具）

邮轮（玛丽女王二世号的正常巡航速度）

助力高跷

脚踏游览车

自行车（通勤、普通型）

弹跳球

资料来源：pace网站，muse网站，universetoday网站，toyota网站，japan-guide网站，cunard网站，startrek网站，bikeforums网站，rickshawchallenge网站，poweriser网站，维基百科

厨房里消耗的能量

普通人家的厨房中摆满了各种电器,尽管看上去平平无奇,却能消耗大量能量,其中一些电器利用电能的效率相对更高一些。如果想要省下电费,还是手洗衣服吧。

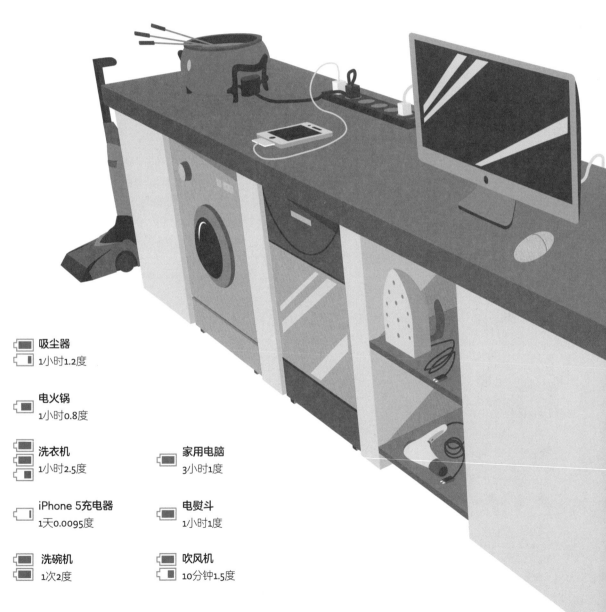

吸尘器
1小时1.2度

电火锅
1小时0.8度

洗衣机
1小时2.5度

家用电脑
3小时1度

iPhone 5充电器
1天0.0095度

电熨斗
1小时1度

洗碗机
1次2度

吹风机
10分钟1.5度

　　注: 1度=1千瓦/时(kW/h),即功率为1千瓦的设备使用1小时所消耗的电能。

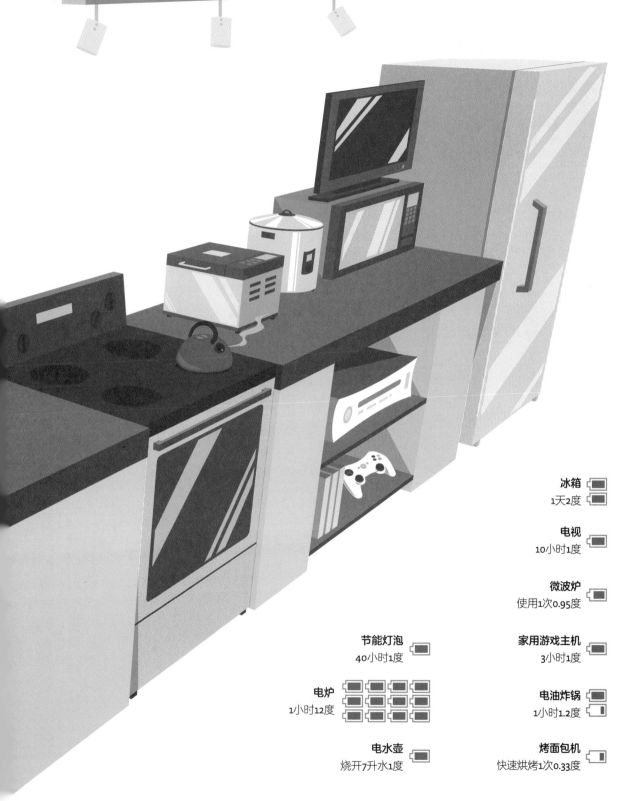

冰箱
1天2度

电视
10小时1度

微波炉
使用1次0.95度

家用游戏主机
3小时1度

节能灯泡
40小时1度

电油炸锅
1小时1.2度

电炉
1小时12度

电水壶
烧开7升水1度

烤面包机
快速烘烤1次0.33度

历史上和进入21世纪以来造成死亡人数最多的地震			
地点（日期）	年份	死亡人数	里氏震级（0~10）
● 历史上　　　　● 21世纪以来			
1 中国陕西	1556	830000	
2 海地	2010	316000	
3 中国唐山	1976	242000	
4 叙利亚阿勒颇	1138	230000	不明
5 印度尼西亚苏门答腊	2004	228000	
6 伊朗达姆甘	856	200000（估计）	不明
7 中国海原	1920	200000	
8 伊朗阿尔达比勒	893	150000（估计）	不明
9 日本关东	1923	143000（估计）	
10 土库曼斯坦阿什哈巴德	1948	110000	

11 中国四川	2008	87100（含失踪人员）	
12 巴基斯坦	2005	80400	
13 伊朗	2003	31000	
14 日本本州	2011	21000	
15 印度	2001	20000	
16 印度尼西亚爪哇	2006	20000	
17 印度尼西亚苏门答腊	2009	1117	
18 阿富汗	2002	1000	

受灾人数最多的地震				
城市	国家	受灾范围	受灾人数	
1 东京－横滨	日本	16300 km²	2940万	🧍🧍🧍🧍🧍🧍🧍🧍🧍🧍🧍🧍🧍🧍🧍
2 雅加达	印度尼西亚	11600 km²	1770万	🧍🧍🧍🧍🧍🧍🧍🧍🧍
3 马尼拉	菲律宾	2900 km²	1680万	🧍🧍🧍🧍🧍🧍🧍🧍🧍
4 洛杉矶	美国	14400 km²	1470万	🧍🧍🧍🧍🧍🧍🧍🧍
5 大阪－神户	日本	13600 km²	1460万	🧍🧍🧍🧍🧍🧍🧍🧍
6 德黑兰	伊朗	11000 km²	1360万	🧍🧍🧍🧍🧍🧍🧍
7 名古屋	日本	15600 km²	940万	🧍🧍🧍🧍🧍
8 利马	秘鲁	2600 km²	890万	🧍🧍🧍🧍🧍
9 台北	中国	2100 km²	800万	🧍🧍🧍🧍
10 伊斯坦布尔	土耳其	4100 km²	640万	🧍

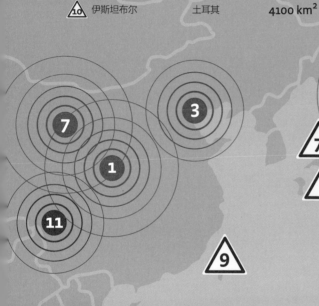

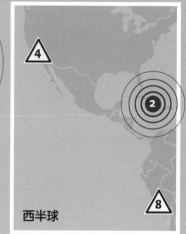

西半球

地层中的震动

　　地球上地壳板块相互连接的边界处一般是地震高发地带。然而令人遗憾的是，这些地方往往也是人口密集的区域。左图列举了一些饱受地震威胁之苦的大城市，以及本世纪以来和历史上造成死亡人数最多的地震。

资料来源：earthquake网站，livescience网站，viewsoftheworld网站，fastcoexist网站，swissre网站

有些动物的脑容量更大

在体重相等的情况下，成年人的脑容量是仓鼠的1000倍，但所占体重的比例却要小得多。所以我们甚至可以说，仓鼠的大脑比人类的更大。

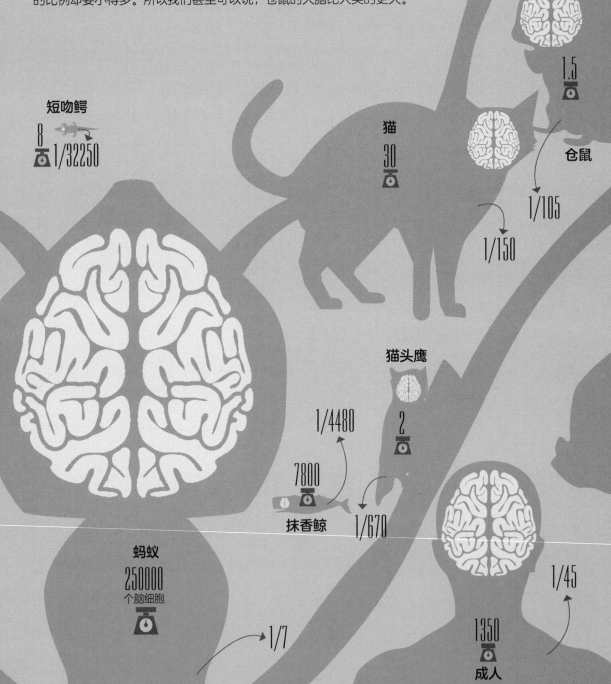

短吻鳄
8
1/32250

猫
30
1/150

仓鼠
1.5
1/105

猫头鹰
2

1/4480

抹香鲸
7800
1/670

蚂蚁
250000
个脑细胞
1/7

成人
1350
1/45

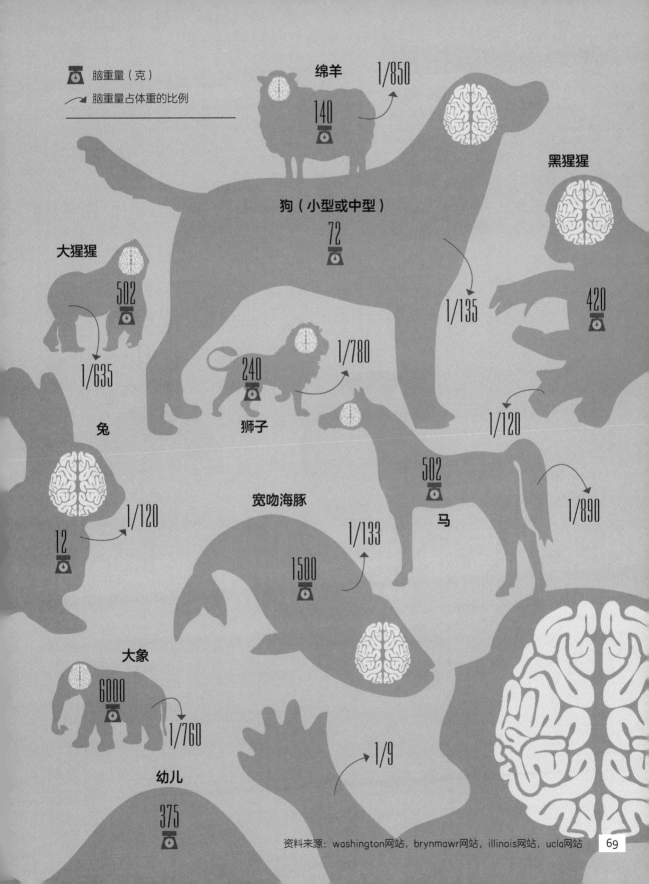

脑重量（克）

脑重量占体重的比例

绵羊
140
1/850

黑猩猩
420
1/120

大猩猩
502
1/635

狗（小型或中型）
72
1/135

兔
12
1/120

狮子
240
1/780

宽吻海豚
1500
1/133

马
502
1/890

大象
6000
1/760

幼儿
375
1/9

资料来源：washington网站，brynmawr网站，illinois网站，ucla网站

餐桌上的碳排放

许多素食主义者更加关注生态环境，他们餐桌上的食物比肉食者的选择对环境造成的破坏小得多。这里我们列举了5种不同膳食习惯人士的碳排放量。

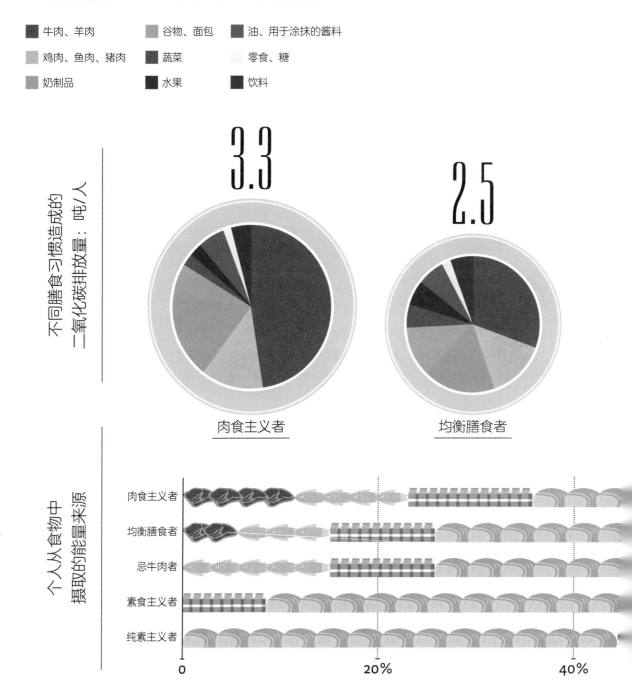

■ 牛肉、羊肉　　□ 谷物、面包　　■ 油、用于涂抹的酱料
□ 鸡肉、鱼肉、猪肉　■ 蔬菜　　　　□ 零食、糖
■ 奶制品　　　　■ 水果　　　　■ 饮料

不同膳食习惯造成的二氧化碳排放量：吨/人

3.3　肉食主义者

2.5　均衡膳食者

个人从食物中摄取的能量来源

肉食主义者
均衡膳食者
忌牛肉者
素食主义者
纯素主义者

0　　　20%　　　40%

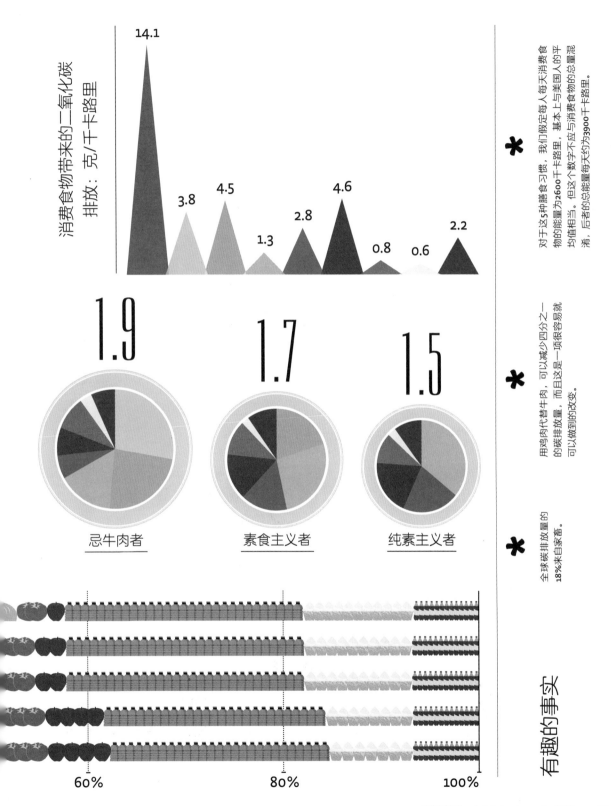

消费食物带来的二氧化碳
排放：克/千卡路里

14.1

3.8

4.5

1.3

2.8

4.6

0.8

0.6

2.2

1.9

1.7

1.5

忌牛肉者

素食主义者

纯素主义者

60%

80%

100%

用鸡肉代替牛肉，可以减少四分之一的碳排放量，而且这是一项很容易就可以做到的改变。

全球碳排放量的18%来自家畜。

有趣的事实

吸尘器的世界

2013年，吸尘器生产商伊莱克斯开展了一项有关消费者使用吸尘器习惯的调查，访问了来自23个国家和地区的28000人，这也是历史上有关吸尘器规模最大的调查。调查结果在很多方面出人意料，结果显示了哪个国家的消费者更喜欢在使用吸尘器时不穿衣服、哪个年龄层会定期使用吸尘器以及使用的时间，等等。

男性vs女性

两性之中谁更经常使用吸尘器？

差异可能比你想象的更小！

1天用1次吸尘器
14%
12%

1周使用2~5次吸尘器
35%
31%

1个月使用1次吸尘器
6%
5%

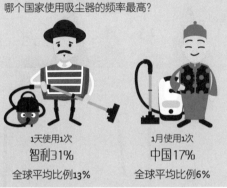

哪个国家使用吸尘器的频率最高？

1天使用1次
智利31%
全球平均比例13%

1月使用1次
中国17%
全球平均比例6%

巴西人使用吸尘器的时间最长
巴西人使用1次吸尘器的平均时间长达1~2小时

裸体吸尘

挪威

令人吃惊的是，相比其他国家的消费者，挪威人更喜欢裸体吸尘。

但在意料之中的是，男性相比女性更喜欢裸体吸尘。

使用吸尘器时的穿着

休闲服 **69%**　运动服 **21%**　工装 **5%**　内衣 **4%**　裸体 **2%**

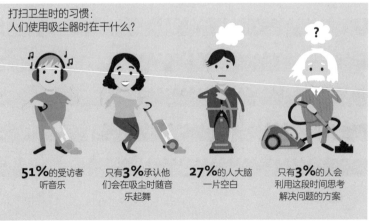

打扫卫生时的习惯：
人们使用吸尘器时在干什么？

51% 的受访者听音乐

只有 **3%** 承认他们会在吸尘时随音乐起舞

27% 的人大脑一片空白

只有 **3%** 的人会利用这段时间思考解决问题的方案

资料来源：伊莱克斯2013全球吸尘器使用调查。

治疗各种疾病的药物

药物学的持续发展和人类寿命的不断延长意味着对处方药的需求正在逐渐增长。那么在全球药物市场上，究竟哪些药物的需求量最大？哪些最受青睐？

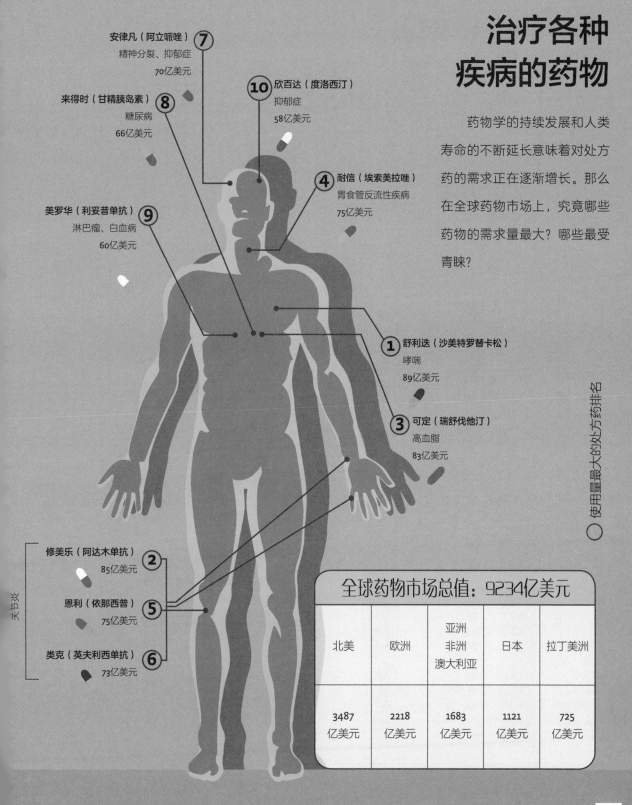

⑦ 安律凡（阿立哌唑）
精神分裂、抑郁症
70亿美元

⑧ 来得时（甘精胰岛素）
糖尿病
66亿美元

⑩ 欣百达（度洛西汀）
抑郁症
58亿美元

④ 耐信（埃索美拉唑）
胃食管反流性疾病
75亿美元

⑨ 美罗华（利妥昔单抗）
淋巴瘤、白血病
60亿美元

① 舒利迭（沙美特罗替卡松）
哮喘
89亿美元

③ 可定（瑞舒伐他汀）
高血脂
83亿美元

关节炎

② 修美乐（阿达木单抗）
85亿美元

⑤ 恩利（依那西普）
75亿美元

⑥ 类克（英夫利西单抗）
73亿美元

○ 使用量最大的处方药排名

全球药物市场总值：9234亿美元

北美	欧洲	亚洲非洲澳大利亚	日本	拉丁美洲
3487亿美元	2218亿美元	1683亿美元	1121亿美元	725亿美元

资料来源：imshealth网站

课本还是枪炮？

通过比较世界上排名前15的强国在国防和教育方面投入的预算，我们可以大致了解每个国家的领导人认为哪项更重要。如果把军费支出排名靠前的国家放到教育支出占GDP的排名中，没有一个国家能够进入前30名。

14. 加拿大

22.5　65.5

1. 美国

682　810

11. 巴西

33.1　114

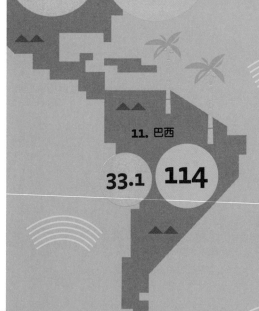

总体GDP排名	军费占GDP的百分比	教育支出排名	教育支出占GDP的百分比
1. 美国	4.4	63. 美国	5.5
2. 中国	2	112. 中国	4
3. 俄罗斯	4.4	110. 俄罗斯	4.2
4. 英国	2.5	36. 英国	6.2
5. 日本	1	115. 日本	3.8
6. 法国	2.3	43. 法国	5.9
7. 沙特阿拉伯	8.9	68. 沙特阿拉伯	5.1
8. 印度	2.5	134. 印度	3.2
9. 德国	1.4	74. 德国	5.1
10. 意大利	1.7	93. 意大利	4.5
11. 巴西	1.5	49. 巴西	5.8
12. 韩国	2.7	75. 韩国	5
13. 澳大利亚	1.7	56. 澳大利亚	5.6
14. 加拿大	1.3	62. 加拿大	5.4
15. 土耳其	2.3	142. 土耳其	2.9

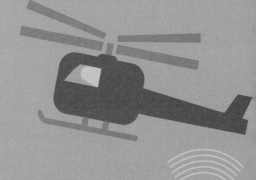

军事
10亿美元

教育
10亿美元

123

60.8

4. 英国

9. 德国
45.8 **130**

15. 土耳其
18.2 **22.8**

3. 俄罗斯
90.7 **87**

6. 法国
58.9 **121**

10. 意大利
34 **93**

2. 中国
166 **357**

12. 韩国
31.7 **62**

7. 沙特阿拉伯
56.7 **54.4**

8. 印度
46.1 **153**

5. 日本
59.3 **161**

13. 澳大利亚
26.2 **42**

资料来源：维基百科，cia网站，countryeconomy网站

极端味觉测试

几个世纪以来，化学家和其他科学家一直都在尝试通过人工方法还原自然界中的极端味道、气味、毒剂和调味料。我们对自然界天然形成的和实验室人工合成的最臭

味道		名称		来源
苦	🍃	苦味素	🌳	苦木
	⚗️	苯酸苄铵酰铵（苦精）	🏪	超市可以买到
臭	🍃	丁硒硫醇		臭鼬的分泌物
	⚗️	乙硫醇		燃料商店
甜	🍃	索马甜		西非竹芋科植物"卡吞姆菲"的果实
	⚗️	N-（4-氰苯基）-N-（2,3-亚甲二氧苄基）胍乙酸		只有在实验室里可以找到
酸	🍃	富马酸		延胡索属植物
	⚗️	苹果酸（羟基丁二酸）		快餐餐厅
毒	🍃	A型肉毒毒素		肉毒杆菌
	⚗️	沙林		军用化合物

的、最酸的、最甜的、最苦的和毒性最高的物质进行了比较。显而易见，要击败大自然绝不是一件容易的事。

天然

人造

细节	用途	
在百万分之0.08的浓度下可以被察觉到		草药
在百万分之0.05的浓度下可以被察觉到		防冻剂、制备甲醇、肥皂、家用清洁剂
世界上最臭的物质		防御攻击
引起恶心和头疼，可能导致器官衰竭		加入燃气中，以便人们察觉燃气泄漏
比蔗糖甜3000倍		食品（包括口香糖）添加剂
比蔗糖甜220000倍		没有获得投入使用的许可
酸度是柠檬酸的2倍		食品调味
最致命的天然毒素，半数致死量（杀死一半测试对象的剂量）仅为0.00000003毫克/千克		化学武器
半数致死量为0.4毫克/千克		

资料来源：chemistryabout网站，memphis网站，维基百科

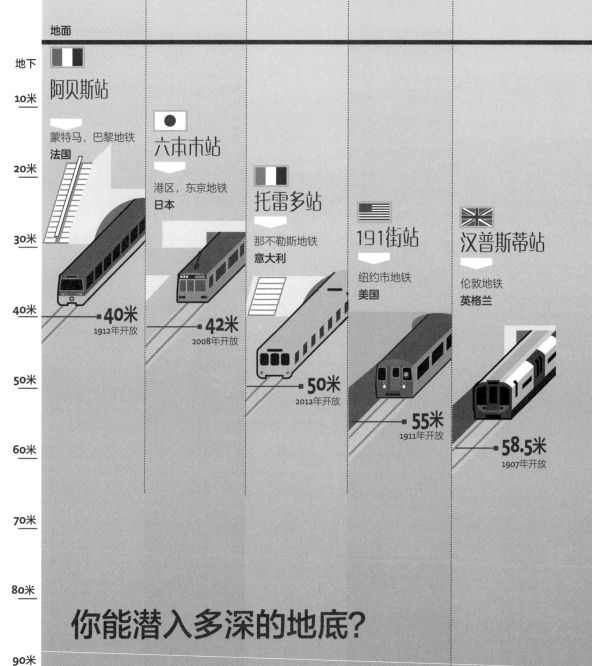

地面

地下

10米

阿贝斯站

蒙特马，巴黎地铁
法国

20米

六本木站

港区，东京地铁
日本

30米

托雷多站

那不勒斯地铁
意大利

191街站

纽约市地铁
美国

汉普斯蒂站

伦敦地铁
英格兰

40米

40米
1912年开放

42米
2008年开放

50米

50米
2012年开放

55米
1911年开放

60米

58.5米
1907年开放

70米

80米

你能潜入多深的地底？

90米

　　不论是在世界上哪个大城市，乘坐地铁就像是一场走向地心的旅行。在图中列出的这些城市和车站中也不例外，不妨一起体验一下世界上距离地面最深的地铁站。

100米

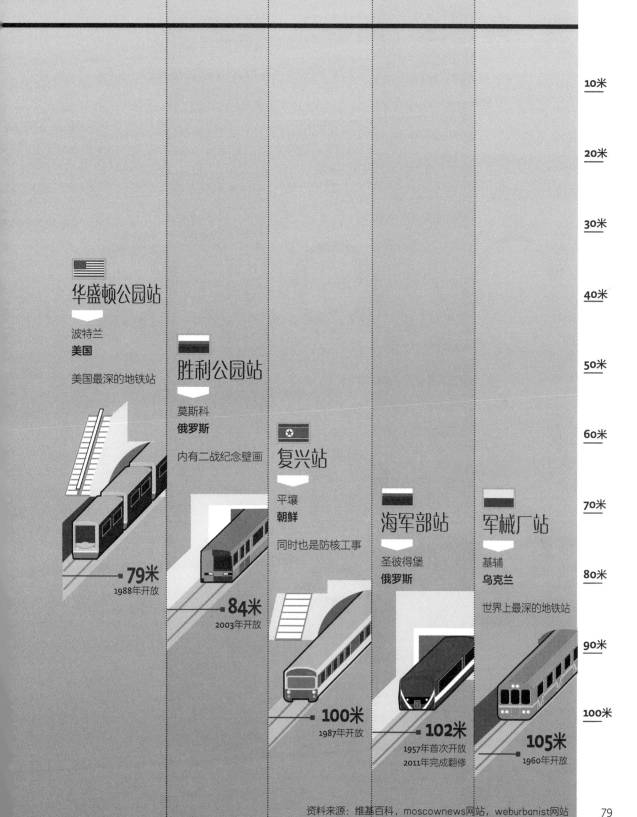

华盛顿公园站

波特兰
美国

美国最深的地铁站

79米
1988年开放

胜利公园站

莫斯科
俄罗斯

内有二战纪念壁画

84米
2003年开放

复兴站

平壤
朝鲜

同时也是防核工事

100米
1987年开放

海军部站

圣彼得堡
俄罗斯

102米
1957年首次开放
2011年完成翻修

军械厂站

基辅
乌克兰

世界上最深的地铁站

105米
1960年开放

10米
20米
30米
40米
50米
60米
70米
80米
90米
100米

资料来源：维基百科，moscownews网站，weburbanist网站

六度分隔理论：斯蒂芬·霍金

在许多人看来，斯蒂芬·霍金博士也许是世界上最著名的物理学家之一。他同时还是一位国际范围内的畅销书作者，用浅显的语言解释了极其深奥的物理学概念。他对黑洞、时间和空间有着独创的深刻理解。仅以有关相对论的造诣而言，他被誉为阿尔伯特·爱因斯坦之后的第一人。难怪他与许多杰出的伟人之间有着千丝万缕的联系。

1

温斯顿·丘吉尔
（1874—1965，英国）1921年在殖民部工作，并且聘用了劳伦斯。

T. E. 劳伦斯
（1888—1935，英国）曾担任丘吉尔的副官，在此之前曾经与伊拉克的费萨尔一世共事。

费萨尔一世
（1883—1933，伊拉克）一战期间曾与劳伦斯在中东并肩作战，而菲利普·格雷夫斯也身处同一处战场。

菲利普·格雷夫斯
（1876—1953，英国）曾在中东担任战地记者，与罗伯特·格雷夫斯是同父异母的兄弟。

罗伯特·格雷夫斯
（1895—1985，英国）诗人，曾在20世纪50年代招待过霍金及其家人。

皮埃尔·德·费马
（1601—1665，法国）1637年在丢番图《算术》的空白处写下了著名的"费马猜想"，他在几何上的成就经常被拿来与施泰纳相提并论。

2

丢番图
（201—285）古希腊"代数之父"，著有《算术》一书。

雅各布·施泰纳
（1796—1864，德国）所提出的施泰纳三元系由柯克曼发扬光大。

托马斯·柯克曼
（1806—1895，英国）数学家，提了著名的柯克曼"女生问题"，塔塔从中获得灵感，并撰写了一本书。

迪克拉姆·塔塔
（1928—2006，英国籍美国人）数学老师，1958年曾与霍金一起用钟表和一台旧电话程控交换机的零件组装了一台计算机。

3

威廉·巴顿·罗杰斯

（1804—1882，美国）麻省理工学院的创始人，同时还是美国科学促进会的首任会长（1848）。伯比奇是该组织历史上第一位女性会长。

玛格丽特·伯比奇

（1919—，英国）著名天文学家，曾经多次荣获学术界的各类殊荣。她的丈夫正是杰佛瑞·伯比奇。

丹尼斯·威廉·夏默

（1926—1999，英国）被誉为"宇宙学之父"，是霍金在剑桥大学时的导师。

杰佛瑞·伯比奇

（1925—2010，英国）与弗雷德·霍伊尔一道提出了B2FH理论。

弗雷德·霍伊尔

（1915—2001，英国）剑桥大学的天文学家，不承认宇宙大爆炸理论，为此与霍金发生过论战，当时夏默对霍金表示了支持。

列纳德·蒙洛迪诺

（1954—）美国物理学家、《星际迷航：下一代》的作者，与霍金合著了《时间简史（普及版）》。

斯蒂芬·霍金

理查德·费曼

（1918—1988，美国）其著作对列纳德·蒙洛迪诺具有极大的影响。

4

阿尔伯特·爱因斯坦

（1879—1955）1905年提出的相对论被作为题为《宇宙》的著作和电视节目（1980）的主题，其作者正是卡尔·萨根。

卡尔·萨根

（1934—1996，美国）宇宙学家，在创作《宇宙》一书和电视节目的时候，邀请了基普·索恩作为研究研究顾问。

唐·佩奇

（1950—）加拿大理论物理学家，曾与霍金合著论文。

汉斯·贝特

（1926—2005，德国）受奥本海默邀请参与"曼哈顿计划"，与理查德·费曼一起负责计算原子弹的爆炸当量。

J.罗伯特·奥本海默

（1904—1967）"美国原子弹之父"，曾聘请汉斯·贝特开展研究。

基普·索恩

（1940—）美国理论物理学家，曾与伊戈尔·德米特里耶维奇·诺维科夫共同开展对黑洞理论的研究。

伊戈尔·德米特里耶维奇·诺维科夫

（1935—）俄罗斯宇宙学家，与唐·佩奇合作开展过研究。

5

马克斯·玻恩

（1882—1970）德国物理学家、数学家，量子物理学的奠基人之一，是J.罗伯特·奥本海默的博士生导师。

宇宙中有什么？

这里，我们列举了已经或计划进入太空的载人航天器，以及它们将会访问的空间站。当然，还包括那些由于资金问题未能真正成为现实的设计。

联盟号。 苏联建造的宇宙飞船，于1966年进行第一次无人试飞，次年实现了载人飞行。联盟号ACTS（先进乘员运输系统）于2014年完成太空部署。

ATV， 即自动转移飞行器，由欧洲航天局开发，为无人运输宇宙飞行器，在2008—2014年共发射了5次，为国际空间站提供物资。

龙飞船（"天龙号"飞船），由美国建造，历史上第一艘由商业公司设计研发的宇宙飞船，这一型号的无人飞船于2010年发射升空，用于为国际空间站运送货物。目前已有开发载人飞船的计划。

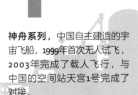

神舟系列， 中国自主建造的宇宙飞船，1999年首次无人试飞，2003年完成了载人飞行，与中国的空间站天宫1号完成了对接。

宇宙飞船一号， 由美国私人企业提供资金设计建造的亚轨道、高空发射的太空飞行器。于2003年完成了首次飞行，2004年退役，目前向公众展出。

阿波罗系列， 20世纪60年代开发的宇宙飞船，将美国宇航员送入太空。于1961年进行了首次无人飞行，1968年首次载人飞行，并于1969年成功登陆月球，1975年最后一次飞行后退役。

水星， 水星飞船计划开始于1958年，目标是将美国人送入太空，1959年完成了首次无人亚轨道飞行，1961年进行了首次载人亚轨道飞行，最后一次飞行时间为1963年，随后被阿波罗系列飞船代替。

东方号， 苏联建造和发射的宇宙飞船，可完成飞行拍摄和载人航天任务，1960年进行了首次无人亚轨道飞行，1961年帮助人类首次进入太空（尤里·加加林），1963年退役。

航天飞机， 美国宇航局设计和开发的近地轨道宇宙飞船，整个开发过程始于1969年，1981年首次试飞，到2011年共完成了135次飞行任务。

起源1号， 美国私营公司发射的无人空间站，2006年作为对未来模块化空间站的创新尝试发射升空，预期使用寿命为12年。

起源2号， 美国私营公司独立发射空间站计划的后续设计型号，该型无人空间站于2007年发射进入轨道，目的在于收集起源1号的数据，预期使用寿命12年。

 目前正在使用中　　 设计建设中　　 已退役　　空间站　　 被取消

云霄塔，英国设计开发的单级空天飞机，由地面直接起飞进入轨道，2004年起开始募集资金，计划于2019年*进行首次试飞，2022年与空间站进行对接。

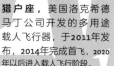

XCOR/山猫号，美国建造的亚轨道飞船，这款水平起飞、水平降落的飞船主要用于商业用途，2003年起开发，2014年完成试飞，计划于2015年正式服役。

太空飞船二号，由维珍银河公司设计开发的亚轨道飞船，主要用于宇宙观光，开发始于2009年，于2013年进行首次试飞。

猎户座，美国洛克希德马丁公司开发的多用途载人飞行器，于2011年发布，2014年完成首次，2020年以后进入载人飞行阶段。

"RUS"，俄罗斯开发的未来导航运输系统（PPTS），2006年开始开发，用以替代联盟号，预计将于2018年进行首次试飞。

银河号，美国私营企业开发的载人航天器，2004—2007年进行了设计开发，但由于资金短缺被迫取消。

快船号，欧洲和俄罗斯共同开发的项目，2004年首次发布消息，2006年被取消。原本计划以该型飞船替代联盟号，但开发进程的缓慢导致俄罗斯最终退出。

赫尔墨斯航天飞机，由法国国家空间研究中心于1975年完成设计，欧洲航天局在1985年正式发布。但由于成本过高，项目于1992年被取消。

冒险星，美国政府推动的项目，旨在替代航天飞机，始于20世纪90年代中期，由于原型机试飞失败，于2001年被叫停。

国际空间站（ISS），近地轨道上的人造载人飞行器（乘员6名），由俄罗斯、欧洲和美国联合开发，1998年升空，预计退役时间2024年。

* 书中涉及数据的时效性均以原版书出版时间为准，特此说明。

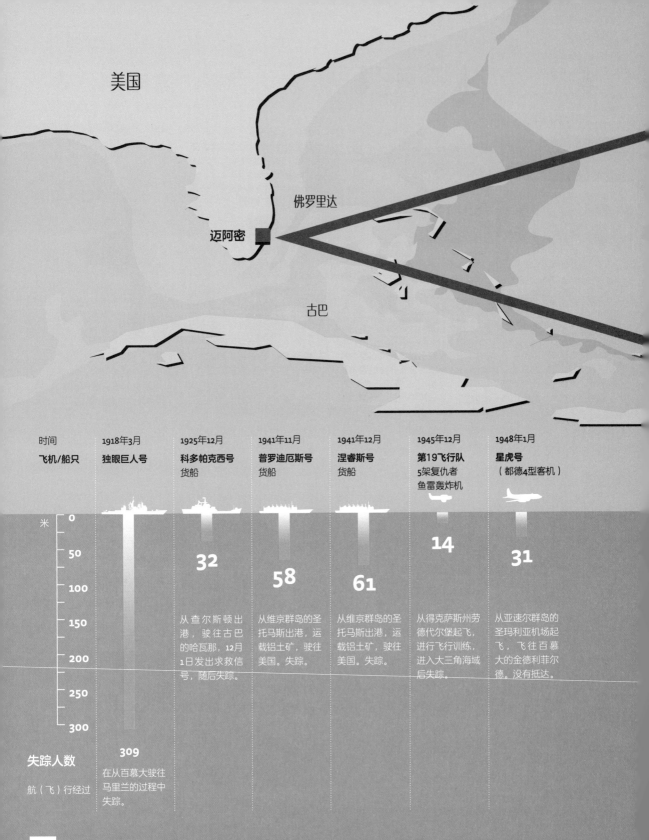

美国

佛罗里达

迈阿密

古巴

时间	1918年3月	1925年12月	1941年11月	1941年12月	1945年12月	1948年1月
飞机/船只	独眼巨人号	科多帕克西号 货船	普罗迪厄斯号 货船	涅睿斯号 货船	第19飞行队 5架复仇者 鱼雷轰炸机	星虎号 （都德4型客机）

米

0

50   32

100   58   61   31

150

200

250

300

失踪人数   309   在从百慕大驶往   从查尔斯顿出   从维京群岛的圣   从维京群岛的圣   从得克萨斯州劳   从亚速尔群岛的
航（飞）行经过   马里兰的过程中   港，驶往古巴   托马斯出港，运   托马斯出港，运   德代尔堡起飞，   圣玛利亚机场起
            失踪。   的哈瓦那，12月   载铝土矿，驶往   载铝土矿，驶往   进行飞行训练，   飞，飞往百慕
                        1日发出求救信   美国。失踪。   美国。失踪。   进入大三角海域   大的金德利菲尔
                        号，随后失踪。   后失踪。   德。没有抵达。

84

迷失在百慕大三角

百慕大

波多黎各

1964年，文森特·盖迪斯在《阿尔格西》杂志上撰文，将大西洋中的一片区域划为百慕大三角。根据盖迪斯的说法，飞机和船只在路过百慕大、波多黎各的圣胡安、美国佛罗里达州的迈阿密三点连线形成的三角形地带时会发生奇怪的事情，在绝大部分情况下，它们会神秘地消失。尽管这已经被证明是无稽之谈，但确实有许多过往船只和飞机在这里失事，失踪者已经超过800人。

被认为驶经百慕大三角的船只

1948年12月	1963年2月	1967年12月	1938年3月	1946年12月	1976年10月	1996年10月
道格拉斯DC-3 NC160002 客机	马林·硫黄女王号 油轮	巫术号 游艇	盎格鲁·澳大利亚人号 货轮	城市美人号 帆船	西尔维娅·L.奥沙号 矿石货船	无畏号 游艇
39	**39**	**2**	**38**	**10**	**37**	**16**
从波多黎各的圣胡安起飞，飞往佛罗里达州的迈阿密。失踪。	驶离得克萨斯州的博蒙特，四天后在近佛罗里达州海域失踪。	距离佛罗里达州海岸不足1.6千米，船长呼叫救援，随后失踪。	从威尔士的卡迪夫航向不列颠哥伦比亚，最后一次通信位于亚速尔群岛附近。	在巴哈马群岛海域被发现，船只被弃。	在百慕大以西约225千米处失踪。	在从百慕大到马里兰的航线上失踪。

资料来源：bermuda-triangle网站，维基百科

最濒临消亡的语言
（尚在人世的语言使用者仅1名）

1 阿皮亚卡语（马托格罗索，巴西）
2 迪亚霍伊语（南亚马孙，巴西）
3 凯萨那语（西北亚马孙，巴西）
4 查那语（帕拉纳，阿根廷）
5 亚格汉语（纳瓦里诺岛，智利）
6 陶什罗语（秘鲁北部）
7 蒂尼瓜语（瓜亚韦罗河，哥伦比亚）
8 佩莫诺语（马哈瓜，委内瑞拉）
9 帕特温语（北加利福尼亚，美国）
10 温图-诺姆拉基语（北加利福尼亚，美国）
11 托洛瓦语（加利福尼亚/俄勒冈边境，美国）
12 比硕语（喀麦隆）
13 比基亚语（喀麦隆）
14 丹佩拉斯语（苏拉威西，印度尼西亚）
15 巴则海语（台湾，中国）
16 瓦洛语（莫塔拉瓦岛，瓦努阿图）
17 亚拉维语（巴布亚新几内亚）
18 拉瓦语（巴布亚新几内亚）

濒临灭亡的欧洲语言
（估计使用该语言的人数）

编号	语言	人数
19	维拉莫维安语	70
20	卡拉伊姆语	60
21	沃提克语	20
22	英格里亚语	200
23	特萨米语	10
24	萨特兰语	1000
25	特萨克尼安语	300
26	加迪奥尔语	340
27	费塔尔语	600
28	图瓦楚语	200
29	辛布里语	400
30	莫士诺语	1000
31	阿巴纳西语	500
32	伊斯特罗-罗马尼亚语	300
33	皮特萨米语	20
34	加告兹语	400
35	赫特温语	1000
36	巴茨语	500

英国和爱尔兰濒临灭亡的语言
（估计使用该语言的人数）

编号	语言	人数	备注
37	爱尔兰盖尔语	77185	（主要分布在爱尔兰共和国，被作为日常口语使用，正规教育机构不予教授）
38	苏格兰盖尔语	58000	
39	根西法语	1300	
40	泽西法语	2000	
41	康沃尔语	>500	于19世纪消亡，通过语言振兴项目，目前有超过500名使用者
42	马恩岛语	100~200	于20世纪70年代消亡，通过语言振兴项目，目前有100~200名使用者
43	奥尔德尼法语	—	已消亡，最后一名使用者在1960年前后去世

美国

11
10
9

委内瑞拉 8
哥伦比亚 7
3
2 巴西
1
秘鲁 6

4 阿根廷
智利 5

消失的语言

随着边远地区的文化逐渐被外界发现和融入"主流文化"，征服者和殖民者的语言也逐渐代替了原住民的语言。随着原住民离开人世，他们的孩子已经习惯于使用后来者带来的主流语言，原住民的本土语言也因此逐渐消亡。这里展示了世界教科文组织（UNESCO）认为全球最濒临消亡的语言。

资料来源：bbc网站，thisiscornwall网站，scotslanguage网站，unesco网站

认识世界上的寡头们

20世纪90年代，苏联解体后，诞生了一批控制着东欧经济命脉的商业寡头，他们拥有数量惊人的个人财富。对关键矿产和石油资源的垄断使得他们的触角进入了西方世界，从而跻身富人行列。以下展示了最为富有的20位寡头、他们的财富来源和总价值，以及他们在生意之外的个人兴趣。

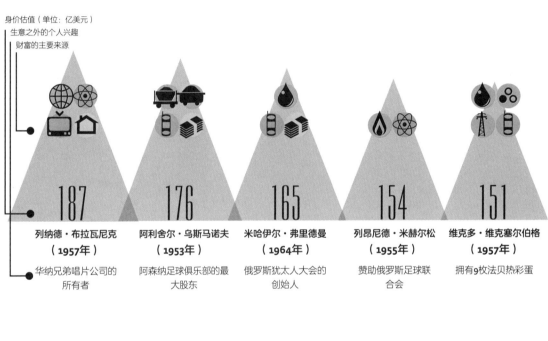

身价估值（单位：亿美元）
生意之外的个人兴趣
财富的主要来源

| 187 | 176 | 165 | 154 | 151 |

列纳德·布拉瓦尼克（1957年）
华纳兄弟唱片公司的所有者

阿利舍尔·乌斯马诺夫（1953年）
阿森纳足球俱乐部的最大股东

米哈伊尔·弗里德曼（1964年）
俄罗斯犹太人大会的创始人

列昂尼德·米赫尔松（1955年）
赞助俄罗斯足球联合会

维克多·维克塞尔伯格（1957年）
拥有9枚法贝热彩蛋

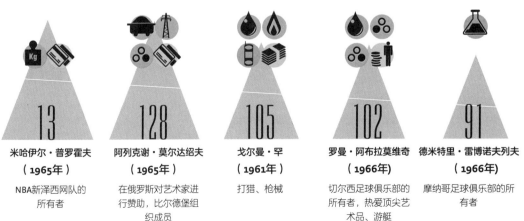

| 13 | 128 | 105 | 102 | 91 |

米哈伊尔·普罗霍夫（1965年）
NBA新泽西网队的所有者

阿列克谢·莫尔达绍夫（1965年）
在俄罗斯对艺术家进行赞助，比尔德堡组织成员

戈尔曼·罕（1961年）
打猎、枪械

罗曼·阿布拉莫维奇（1966年)
切尔西足球俱乐部的所有者，热爱顶尖艺术品、游艇

德米特里·雷博诺夫列夫（1966年)
摩纳哥足球俱乐部的所有者

财富的主要来源

自然资源	金属 采矿 原油 天然气 铝 能源 煤炭 钢 贵金属
化工	零售 肥料 交通运输 公共事业 工程 媒体 电信
地产	银行 金融 投资

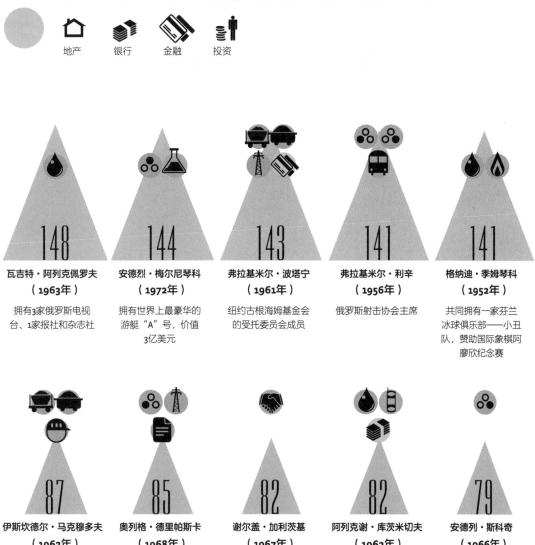

瓦吉特·阿列克佩罗夫
（1963年）
148

拥有3家俄罗斯电视台、1家报社和杂志社

安德烈·梅尔尼琴科
（1972年）
144

拥有世界上最豪华的游艇"A"号，价值3亿美元

弗拉基米尔·波塔宁
（1961年）
143

纽约古根海姆基金会的受托委员会成员

弗拉基米尔·利辛
（1956年）
141

俄罗斯射击协会主席

格纳迪·季姆琴科
（1952年）
141

共同拥有一家芬兰冰球俱乐部——小丑队，赞助国际象棋阿廖欣纪念赛

伊斯坎德尔·马克穆多夫
（1963年）
87

索契冰球场的所有者，同时拥有《俄罗斯商业杂志》社

奥列格·德里帕斯卡
（1968年）
85

波休瓦芭蕾舞团受托委员会成员、俄罗斯一家大型慈善组织的创始人

谢尔盖·加利茨基
（1967年）
82

克拉斯诺达尔足球俱乐部的所有者

阿列克谢·库茨米切夫
（1962年）
82

创立了旨在保护伊拉克古代文物的巴比伦项目

安德列·斯科奇
（1966年）
79

慈善事业

或大或小的各种生物

最小和最大的生物之间存在着难以逾越的鸿沟。最小的生物必须用显微镜才能看到，而一个人奔跑30分钟的距离才等于最大生物的长度。以下是12种巨大和微小的生物，以及它们尺寸的比较。

逆转录酶病毒

大小：80纳米
部分科学家认为病毒不属于生物，因为它们不具有细胞结构

单细胞古细菌

大小：200纳米
只有一般细菌大小的五分之一

生殖支原体

大小：200～300纳米
最小的细菌之一

二胚虫类

（或菱形虫门）

大小：500微米
多细胞生物形式，细胞数量（20个）最少的寄生虫

线虫

大小：80微米长、5微米宽
细胞数量最少的动物，细胞不超过1000个

一种微型虾

(*Stygotantulus stocki*)

大小：100微米
最小的无脊椎动物，甲壳类

阿马乌童蛙

(*Paedophryne amauensis*)

大小：8毫米
最小的脊椎动物，生活在巴布亚新几内亚

非洲草原象

（ *Loxodonta Africana* ）

重量：12吨
现存的最大陆生动物

长颈巨龙

重量：37吨
已灭绝的最大动物，蜥脚类恐龙

重量：190吨
历史上出现过的最大动物，也是现存的最大动物

蓝鲸

（ *Balaenoptera Musculus* ）

巨型红杉树

（ *Sequoiadendron Giganteum* ）

高度：87米
仍在生长的最高的树木，名为"钻石"，位于美国加利福尼
亚州银城安特维尔磨坊果园

覆盖面积：9平方千米；重量：超过600吨
现存体积最大的生物，年龄超过2400岁，位于美国俄勒冈
州东部的蓝山山脉中

蜜环菌

资料来源：sfgate网络，维基百科

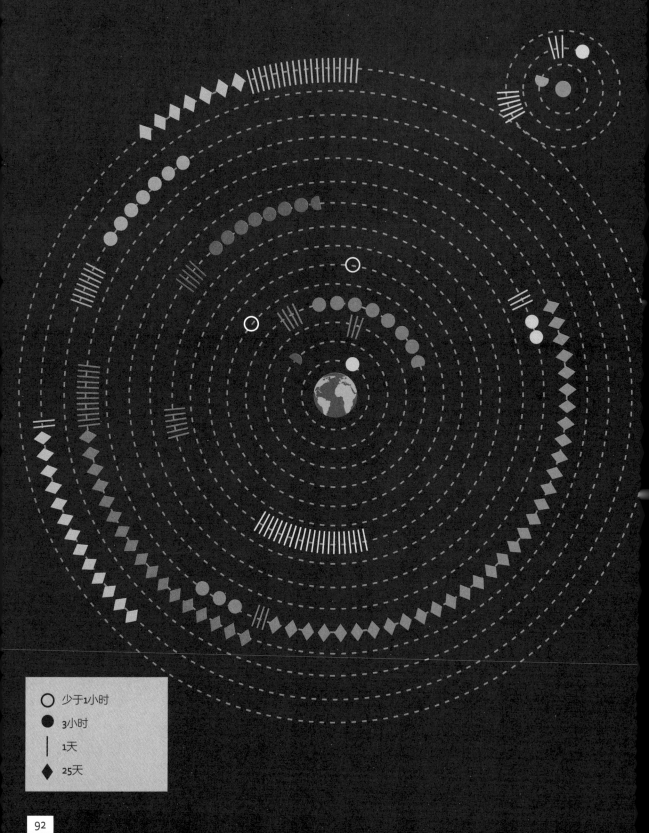

少于1小时

3小时

1天

25天

勇敢地冲出地球

到2013年11月6日为止，共有536名人类进入过太空，其中3人进行了亚轨道飞行，其他人都经历了地球轨道飞行。24人突破了近地轨道，另有12人完成了月球行走。苏联"太空狗"莱卡是第一个进入太空的地球生物。以下是人类进入太空这一伟大历程中的里程碑。

1957年莱卡（狗）
完成绕地飞行

1961年尤里·加加林
第一个绕地飞行的人类

1963年瓦莲京娜·捷列什科娃
第一个进入太空的女性

1963年瓦莱里·别克维斯基
完成了时间最长的单人太空飞行

1965年阿列克谢·列昂诺夫
完成了第一次太空行走

1965年爱德华·H. 怀特二世
太空行走，第一次使用了手持操作设
备，时间为20秒

1966年贝特洛克和乌格尔约克

1968年弗兰克·波曼、詹姆斯·罗维尔和威廉·安德斯
阿波罗8号，第一艘离开地球轨道的载人火箭

1969年尼尔·阿姆斯特朗和巴兹·奥尔德林
阿波罗11号，第一次载人登月任务

1970年吉姆·罗维尔、弗雷德·海斯和约翰·斯威格特
阿波罗13号，第一次到达距离地球400171千米的位置

1972年尤金·塞尔南和哈里森·施密特
在月球表面停留了最长时间

1972年罗纳德·埃文斯
搭乘阿波罗17号，在月球轨道停留时间最长

1988—1998年阿纳托利·索洛维约夫
创造了太空行走次数（16次）和太空行走累积时间最长的纪录

1988—2005年谢尔盖·克里卡列夫
创造了在太空中累积停留时间最长的纪录

1994—1995年瓦列里·波利亚科夫
创造了在和平号空间站中累积停留时间最长的纪录

1998年约翰·格伦
进入太空时77岁，创下了宇航员年龄的最大纪录

2002—2007年佩吉·惠特森
创造了女性在太空中停留时间最长的纪录

2006—2007年苏尼塔·威廉姆斯
创造了女性担任太空飞行时间最长的纪录

资料来源：bbc网站，space today网站，维基百科

生活在火山脚下

公元79年，维苏威火山的爆发摧毁了庞贝古城，大约3300人因此丧生，这场悲剧对今天仍然生活在火山岩浆可能到达范围内的人们来说，时时提醒着他们灾害的可怕。但令人感到吃惊的是，仍然有许多人选择住在这样的区域中。

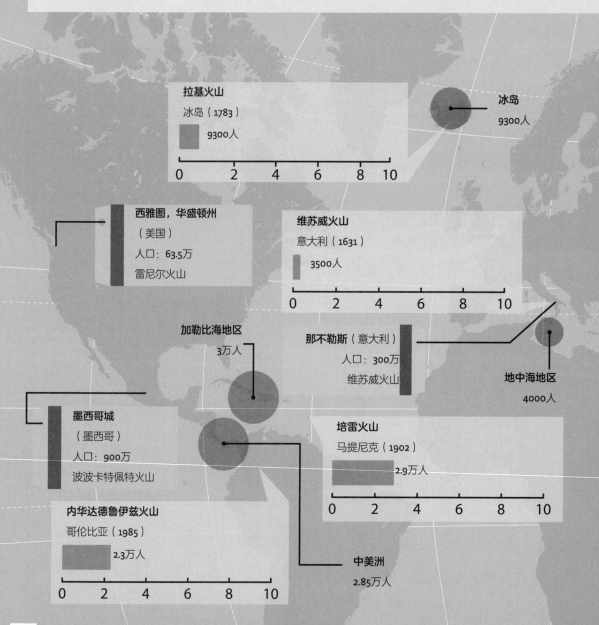

拉基火山

冰岛（1783）

9300人

0　2　4　6　8　10

冰岛

9300人

西雅图，华盛顿州

（美国）

人口：63.5万

雷尼尔火山

维苏威火山

意大利（1631）

3500人

0　2　4　6　8　10

加勒比海地区

3万人

那不勒斯（意大利）

人口：300万

维苏威火山

地中海地区

4000人

墨西哥城

（墨西哥）

人口：900万

波波卡特佩特火山

培雷火山

马提尼克（1902）

2.9万人

0　2　4　6　8　10

内华达德鲁伊兹火山

哥伦比亚（1985）

2.3万人

0　2　4　6　8　10

中美洲

2.85万人

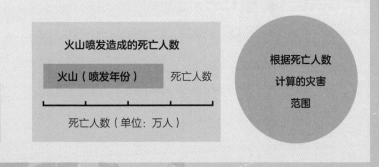

火山喷发造成的死亡人数

城市（国家）
人口
火山

火山（喷发年份）　死亡人数

死亡人数（单位：万人）

根据死亡人数
计算的灾害
范围

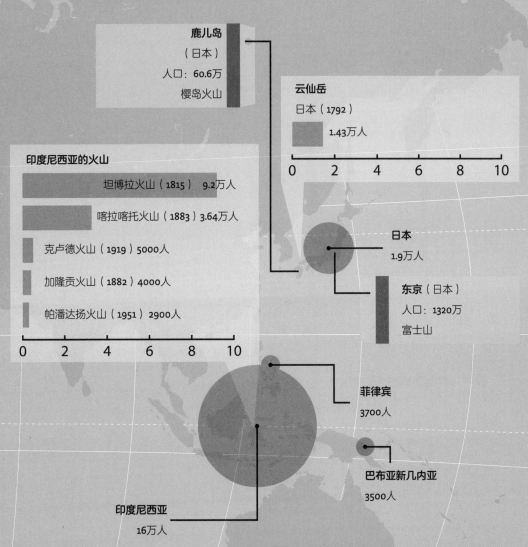

鹿儿岛
（日本）
人口：60.6万
櫻岛火山

云仙岳
日本（1792）
1.43万人

0　2　4　6　8　10

印度尼西亚的火山
坦博拉火山（1815）9.2万人
喀拉喀托火山（1883）3.64万人
克卢德火山（1919）5000人
加隆贡火山（1882）4000人
帕潘达扬火山（1951）2900人

0　2　4　6　8　10

日本
1.9万人

东京（日本）
人口：1320万
富士山

菲律宾
3700人

巴布亚新几内亚
3500人

印度尼西亚
16万人

资料来源：volcano.oregonstate网站，Blong, R.J., 1984，《火山灾害：有关火山喷发造成影响的资料》，
奥兰多，佛罗里达，学术出版社，volcanodiscovery网站，维基百科

点亮整个世界

　　光污染是人造光源带来的负面后果，它会阻碍对星体的观测，同时扰乱人类和动物的生物钟。2013年3月，中国香港被评为世界上光污染最严重的的城市。受到光污染影响程度最轻的地方是被专门划为国际黑暗天空公园（IDSP）和黑暗天空保护区（IDSR）的区域。我们可以利用波特尔分级法来定义某个区域光污染的程度。

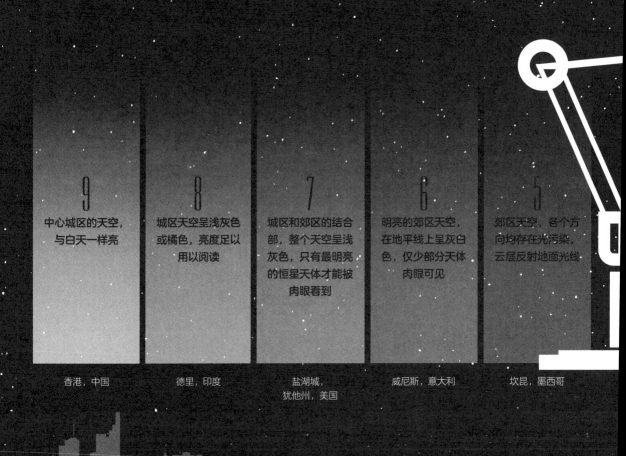

9
中心城区的天空，与白天一样亮

香港，中国

8
城区天空呈浅灰色或橘色，亮度足以用以阅读

德里，印度

7
城区和郊区的结合部，整个天空呈浅灰色，只有最明亮的恒星天体才能被肉眼看到

盐湖城，犹他州，美国

6
明亮的郊区天空，在地平线上呈灰白色，仅少部分天体肉眼可见

威尼斯，意大利

5
郊区天空，各个方向均存在光污染，云层反射地面光线

坎昆，墨西哥

4

农村和郊区的结合部，天空穹顶可以看到明亮的星星，光污染主要存在于地平线上

特鲁斯科湖，巴利博菲，多尼格尔县，爱尔兰

3

农村地区的天空，光污染表现为地平线上的白色光线

乌鲁达国家公园，布尔萨，土耳其

2

典型真正黑暗的天空，银河清晰可见

邦格尔山脉，西澳大利亚

1

完全黑暗的天空，能够看到星座的光芒

乞力马扎罗山，坦桑尼亚，非洲

资料来源：skyandtelescope网站，dark sky网站，维基百科

化学元素命名法

化学元素一般根据发现者的姓名或首次被提出的地点命名。

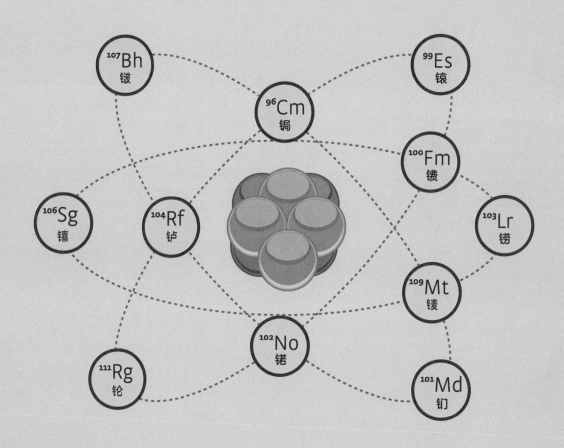

根据人名命名的元素（元素，符号，原子序数，名称的由来，发现年份）

铍	铍，	Bh，	107，	尼尔斯·波尔，	1981	钔	钔，	Md，	101，	德米特里·门捷列夫，	1955
锔	锔，	Cm，	96，	皮埃尔和玛丽·居里，	1944	锘	锘，	No，	102，	阿尔弗雷德·诺贝尔，	1956
锿	锿，	Es，	99，	阿尔伯特·爱因斯坦，	1952	铹	铹，	Rg，	111，	威廉·伦琴，	1994
镄	镄，	Fm，	100，	恩里克·费米，	1952	𬬻	𬬻，	Rf，	104，	欧内斯特·卢瑟福，	1964
铹	铹，	Lr，	103，	欧内斯特·劳伦斯，	1961	𬭳	𬭳，	Sg，	106，	格伦·T. 西博格，	1974
鿏	鿏，	Mt，	109，	莉泽·迈特钠，	1982						

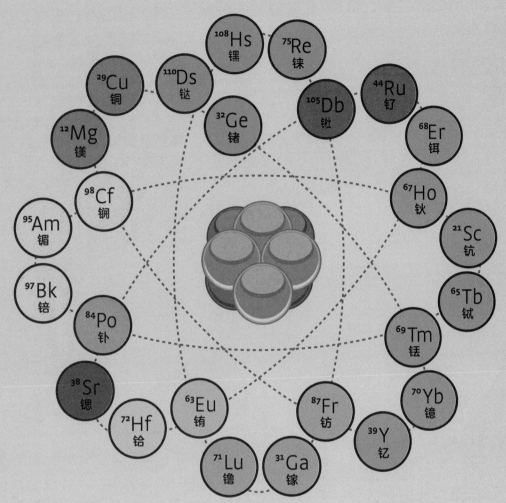

根据地名命名的元素（元素，符号，原子序数，名称的由来，发现年份）

镅	镅，Am，95，美国，	1944
锫	锫，Bk，97，加利福尼亚州的伯克利，	1949
锎	锎，Cf，98，加利福尼亚州和加利福尼亚大学，	1950
铜	铜，Cu，29，塞浦路斯，	公元前5世纪
镁	镁，Mg，12，美格尼西亚（希腊的一个地区），	1755
鐽	鐽，Ds，110，德国的达姆施塔特，	1994
锗	锗，Ge，32，德国，	1886
𨭆	𨭆，Hs，108，德国的黑森，	1984

铼	铼，Re，75，莱茵，	1925
𨧀	𨧀，Db，105，俄罗斯的杜布纳，	1967—1970
钌	钌，Ru，44，鲁塞尼亚（拉丁语中的俄罗斯），	1808
铒	铒，Er，68，瑞典的伊特比，	1843
钬	钬，Ho，67，霍尔米亚（拉丁语中的斯德哥尔摩），	1878
钪	钪，Sc，21，斯堪迪亚（拉丁语中的斯堪的纳维亚），	1897
铽	铽，Tb，65，瑞典的伊特比，	1843
铥	铥，Tm，69，修里（斯堪的纳维亚的古名），	1879
镱	镱，Yb，70，瑞典的伊特比，	1878

钇	钇，Y，39，瑞典的伊特比，	1794
钫	钫，Fr，87，法国，	1939
镓	镓，Ga，31，加利亚（拉丁语中的法国），	1875
镥	镥，Lu，71，鲁特西亚（罗马人对巴黎的称呼），	1907
铕	铕，Eu，63，欧罗巴（欧洲），	1901
铪	铪，Hf，72，哈夫尼亚（拉丁语中的哥本哈根），	1923
锶	锶，Sr，38，苏格兰的斯特隆提安，	1790
钋	钋，Po，84，波兰，	1898

你在哪个星球上？

试想你乘坐火箭进入了茫茫宇宙，既没有携带地图，也辨不清方向，宇航服的口袋里只有一把很长的卷尺，你能通过行星的平均半径来推断出你在哪个星球上吗？

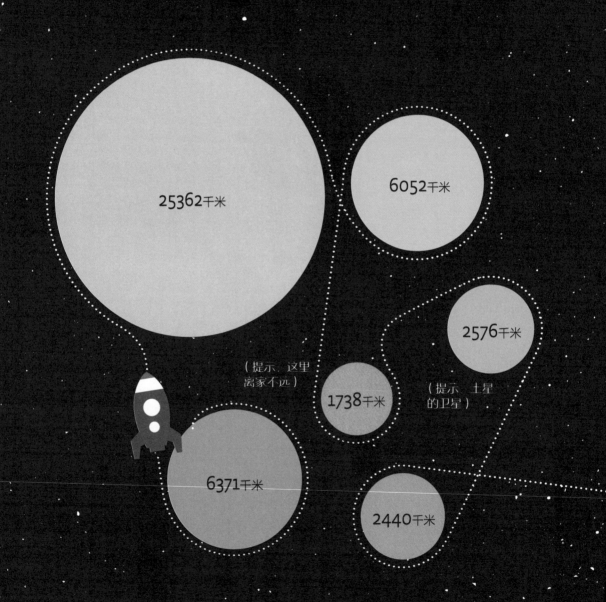

25362千米

6052千米

2576千米

（提示：这里离家不远）

1738千米

（提示：土星的卫星）

6371千米

2440千米

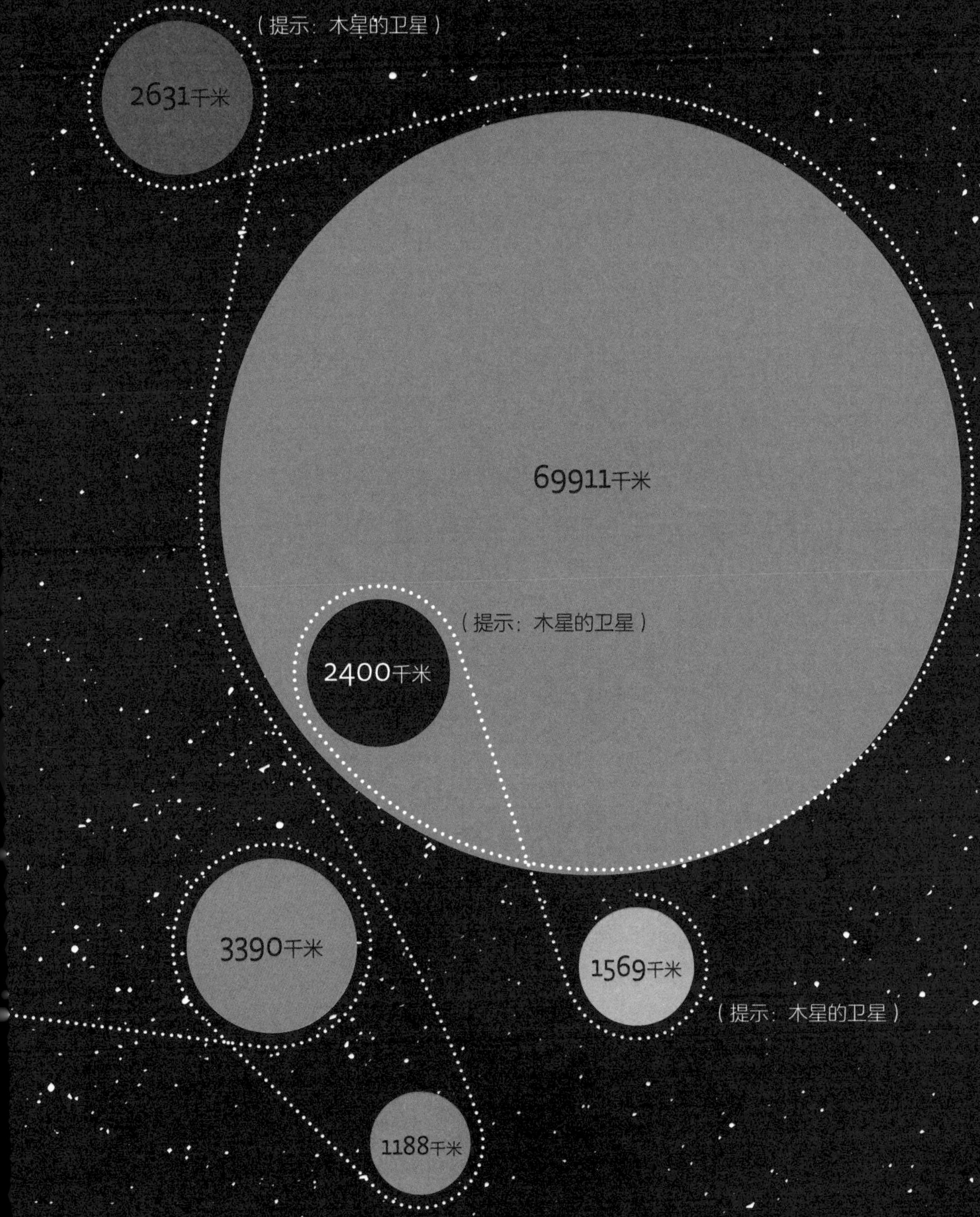
（提示：木星的卫星）
2631千米
69911千米
（提示：木星的卫星）
2400千米
3390千米
1569千米
（提示：木星的卫星）
1188千米

资料来源：答案见156页，维基百科

消灭疾病

尽管在全球范围内，人们每年要花费数十亿美元来对抗疾病，但目前被彻底消灭的主要传染性疾病有且仅有天花一种（1980年）。世界卫生组织表示，下一步继续努力的目标主要是以下几种疾病。

 死亡
 失明
感染

国际消灭疾病特别工作组将这些疾病作为努力的对象

绦虫病/囊虫病
（猪肉绦虫）
5000万例
死亡50000人
多发于
非洲、亚洲、拉丁美洲

麻疹
死亡780000人
多发于
非洲、东南亚、欧洲、东地中海地区、西太平洋地区

脊髓灰质炎（小儿麻痹症）
2000个致瘫病例
死亡200人
多发于
阿富汗、尼日利亚、巴基斯坦

淋巴丝虫病
1.2亿人受感染
多发于
65%患者来自东南亚，
30%来自非洲

风疹（先天性风疹综合征）
10000名受到感染的新生儿
多发于
非洲、东南亚

龙线虫病（几内亚线虫病）
超过1000人受感染
多发于
非洲

美洲锥虫病
（夏格氏病）
🖐 1000万~1200万人感染
多发于
拉丁美洲

沙眼
🖐 220万例
👁 120万人失明
多发于
非洲、拉丁美洲、亚洲、澳大利亚

狂犬病
☠ 死亡52000人
多发于
亚洲、非洲

新生儿破伤风
☠ 死亡56万人
多发于
非洲、亚洲、拉丁美洲的农村

疟疾
🖐 超过5000万例
☠ 超过75万人死亡
多发于
亚洲、非洲、拉丁美洲

乙型肝炎
☠ 死亡60万人
多发于
撒哈拉以南非洲地区、东亚

盘尾丝虫病
（河盲症）
🖐 3700万~4000万例
👁 34万人失明
多发于
撒哈拉以南的非洲地区

部分被消灭以及有望被消灭的疾病

资料来源：who网站，《牛津医学指南》，cartercenter网站

愿你的神明守护你

也许在不同人眼中，神明的身份和名字各不相同，但是在全球范围内，神依然是信众眼中的强大形象。以下是全球70亿人按宗教信仰进行分类的结果。

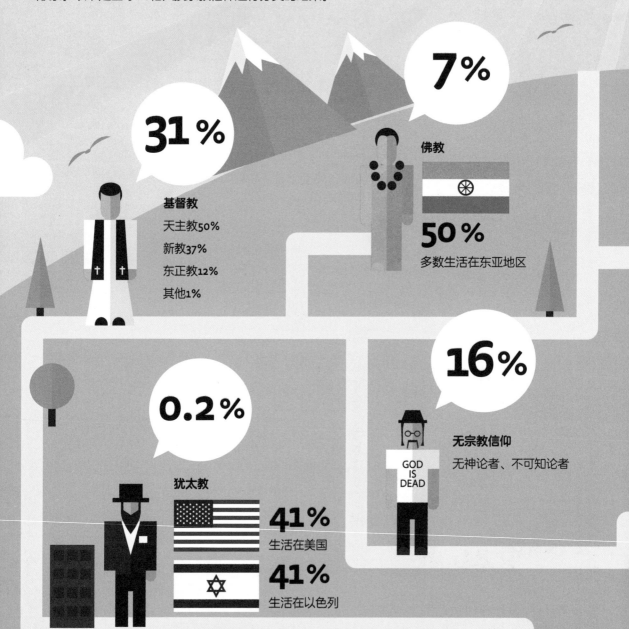

31%

基督教
天主教50%
新教37%
东正教12%
其他1%

7%

佛教
50%
多数生活在东亚地区

0.2%

犹太教
41% 生活在美国
41% 生活在以色列

16%

无宗教信仰
无神论者、不可知论者

GOD IS DEAD

资料来源：worldometers网站

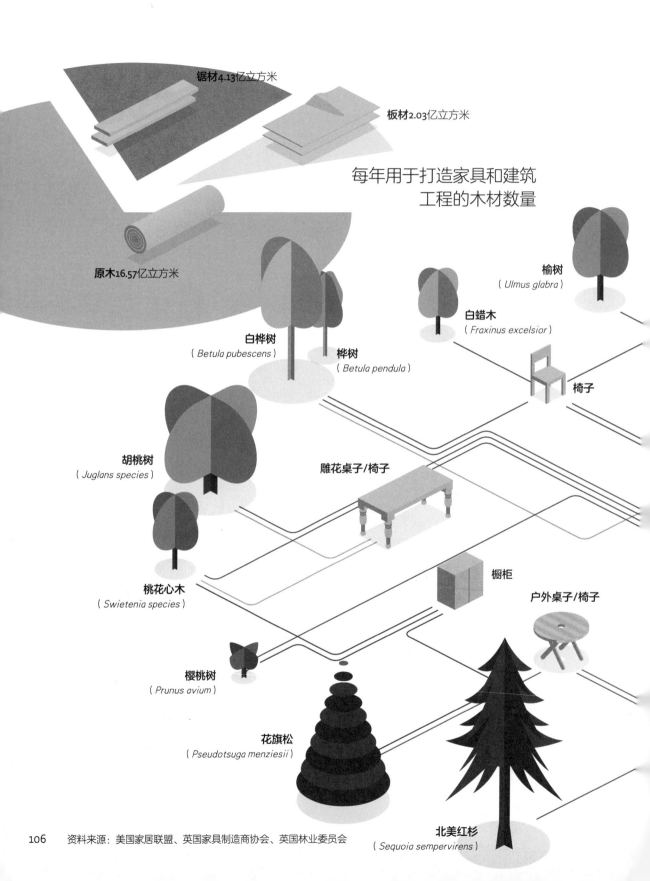

每年用于打造家具和建筑
工程的木材数量

锯材4.13亿立方米

板材2.03亿立方米

原木16.57亿立方米

榆树
（ *Ulmus glabra* ）

白蜡木
（ *Fraxinus excelsior* ）

白桦树
（ *Betula pubescens* ）

桦树
（ *Betula pendula* ）

椅子

胡桃树
（ *Juglans species* ）

雕花桌子/椅子

橱柜

户外桌子/椅子

桃花心木
（ *Swietenia species* ）

樱桃树
（ *Prunus avium* ）

花旗松
（ *Pseudotsuga menziesii* ）

北美红杉
（ *Sequoia sempervirens* ）

资料来源：美国家居联盟、英国家具制造商协会、英国林业委员会

从森林到木板

过去二十年中，由消费者自行拆包安装的板材家具备受欧美市场青睐，也为林业创造了新的商业机会。这里我们展示了每年生产各种木质产品——从网球拍到椅子、桌子和装饰木板——需要多少木材，以及哪些类型的树木被用来制造木器。

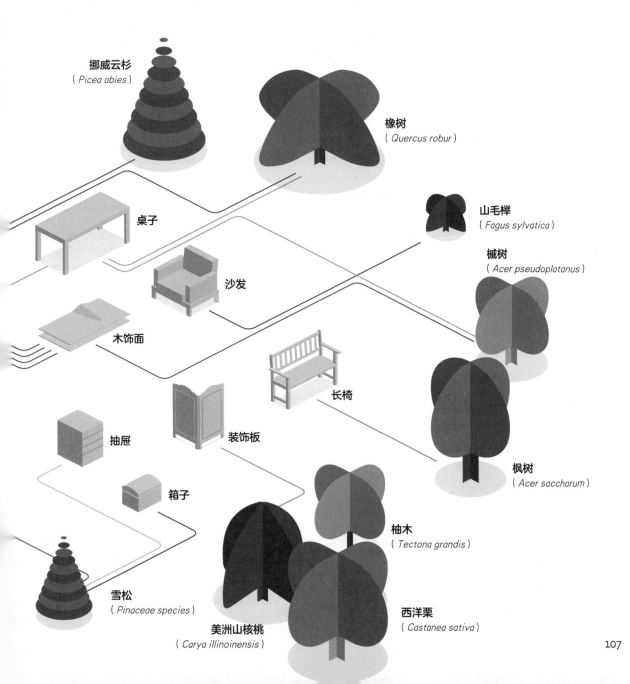

挪威云杉
（ *Picea abies* ）

橡树
（ *Quercus robur* ）

山毛榉
（ *Fagus sylvatica* ）

槭树
（ *Acer pseudoplatanus* ）

桌子

沙发

木饰面

长椅

枫树
（ *Acer saccharum* ）

抽屉

装饰板

箱子

柚木
（ *Tectona grandis* ）

雪松
（ *Pinaceae species* ）

美洲山核桃
（ *Carya illinoinensis* ）

西洋栗
（ *Castanea sativa* ）

从算盘到推特

从严格意义上说，创造计算机这一殊荣并不应该由查尔斯·巴贝奇一人独享，他只是这段漫长而伟大的发展历程中的一位里程碑式的关键人物。

约公元前3000年

算盘这种计算工具发明于中国

1939年

惠普公司在加利福尼亚州的帕罗奥多成立，开始了长期从事计算机相关业务的发展历程。

1939年

德国人康拉德·楚泽设计了第一台二进制可编程机械计算机Z1。

1930年

阿兰·图灵阐述了现代计算机——"通用图灵机"背后的原则。

1890年

赫尔曼·何乐礼设计了一台打孔卡片制表机，用来处理1890年美国人口普查的数据。随后他建立了制表机器公司，即IBM的前身。

1943年

英国人在布莱切利园设置了一台大型真空管计算机"巨像"，用来破解德军的密码。

1944年

哈佛大学和IBM合作建造马克1号，世界上第一台可编程的数字化计算机，长16米，重4500千克，由76.5万个零件组成。

1946年

ENIAC（电子数字积分计算机）问世，主要使用者是美国陆军的弹道研究实验室，它被认为是第一台电子数字计算机。

1956年

诞生于新墨西哥州洛斯阿拉莫斯国家实验室的MANIAC成为第一台能够完成国际象棋棋局的计算机。

1984年

苹果公司推出了麦金塔计算机。

1983年

互联网域名系统问世。

DNS

1982年

15岁的学生里奇·斯克伦塔编写了第一个能够自我传播的个人计算机病毒"埃尔克克隆者"（Elk Cloner）。

1981年

IBM个人计算机上推出了MS-DOS操作系统。

C:\>_

1988年

莫里斯蠕虫病毒通过互联网大肆传播。

1989年

供职于欧洲核子研究组织位于日内瓦高能物理实验室的蒂姆·伯纳斯-李开发了万维网，以帮助全球的科学家开展协作。

www.

1990年

伯纳斯-李搭建了世界上第一个网站：info.cern.ch。

1994年

白宫公布了其官方网站

2012年

脸书的活跃用户突破了10亿人大关。

B

2010年

维基解密网站将数千份美国政府的外交密电公布到网上。

2006年

创始人杰克·多西在推特上发布了第一条消息："刚建好了我的推特账户。"

2005年

联合创始人之一贾德·卡林姆在油管网站上上传了第一个视频《我在动物园》。

公元前1世纪
古希腊人发明了安提凯希拉装置，用以计算天体的位置。

17世纪初
苏格兰数学家约翰·纳皮尔提出了对数的概念。利用对数，威廉·奥特雷德发明了算尺。

1640年
法国数学家布莱士·帕斯卡建造了机械计算装置。

1801年
约瑟夫·玛丽·雅卡尔展示了他发明的提花织机，利用穿孔纸片控制织布花纹式样，为日后的计算机编程奠定了基础。

1854年
乔治·布尔发表了《思想规律的研究》，在书中提出了布尔逻辑，成为现代计算机科学的基础。

1840年
巴贝奇之前的合作者洛夫莱斯伯爵夫人阿达为分析机编写了一套算法——被看作第一款"计算机程序"。

1830年
巴贝奇设计了全新的分析机，被认为是现代计算机的原型。

1820年
查尔斯·巴贝奇开始研究和设计用于计算的差分机，但只是成功组装了一个由约2000个零件组成的可动模型。

1960年
道格拉斯·恩格尔巴特发明了鼠标，当时被称为X-Y位置指示器。

1967年
IBM团队开始开发第一张软盘。

1971年
雷·汤姆林森发出了第一封网络电子邮件。他所选用的"@"符号，至今还被用于电子邮箱的地址。

1971年
英特尔4004成为第一款商业化的微处理器。

1980年
辛克莱尔ZX-80个人计算机进入英国市场，售价低于100英镑。

1976年
第一台苹果计算机由斯蒂夫·沃兹尼亚克亲手工组装完成。伊丽莎白女王发送了电子邮件，她也是第一位进行这种尝试的国家元首。

1975年
比尔·盖茨和保罗·艾伦合作成立了微软公司。

20世纪70年代中期
TCP/IP
温特·瑟夫和鲍勃·卡恩开发了互联网的基础通信协议。

1995年
亚马逊网站上线，Ebay的前身"AuctionWeb"（拍卖网）诞生。索尼发布了家用游戏主机PlayStation。

1996年
拉里·佩奇和谢尔盖·布林在斯坦福大学的服务器上建立了搜索引擎谷歌，当时名为BackRub。

1996年
IBM的深蓝计算机击败了世界国际象棋冠军加里·卡斯帕罗夫。

1997年
美国航空航天局在互联网上播放了探路者号探测器传回的火星图片，获得创纪录的4600万次点击量。

2004年
马克·扎克伯格和他在哈佛大学的一些同学创立了脸书。

2003年
即时通信软件Skype正式发布。

2001年
维基百科首次亮相。

2001年
接入互联网的联网主机超过100万台。

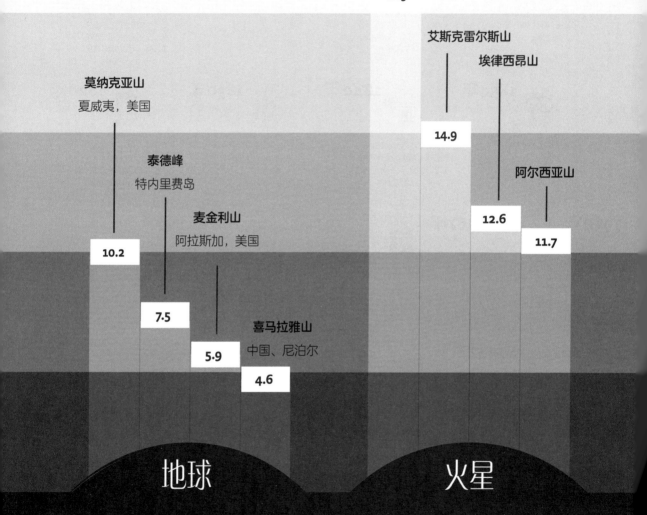

太阳系中最高的山峰
山脚到山顶的高度（千米）

奥林波斯山

21.9

莫纳克亚山
夏威夷，美国

泰德峰
特内里费岛

麦金利山
阿拉斯加，美国

喜马拉雅山
中国、尼泊尔

艾斯克雷尔斯山

埃律西昂山

阿尔西亚山

10.2

7.5

5.9

4.6

14.9

12.6

11.7

地球

火星

翻过每一座高山

    如果计算山顶与海平面的距离，那么喜马拉雅山无疑就是世界上最高的山峰。假设我们不考虑海平面，它与地球以及太阳系其他行星上的山峰相比，高度又能排到第几呢？如果计算从山脚到山顶的高度，喜马拉雅山在地球上只能排到第四，与火星、灶神星（小行星）、木星的卫星艾奥（木卫一）、土星的卫星伊阿珀托斯（土卫八）上的一些山峰相比其至称得上渺小。

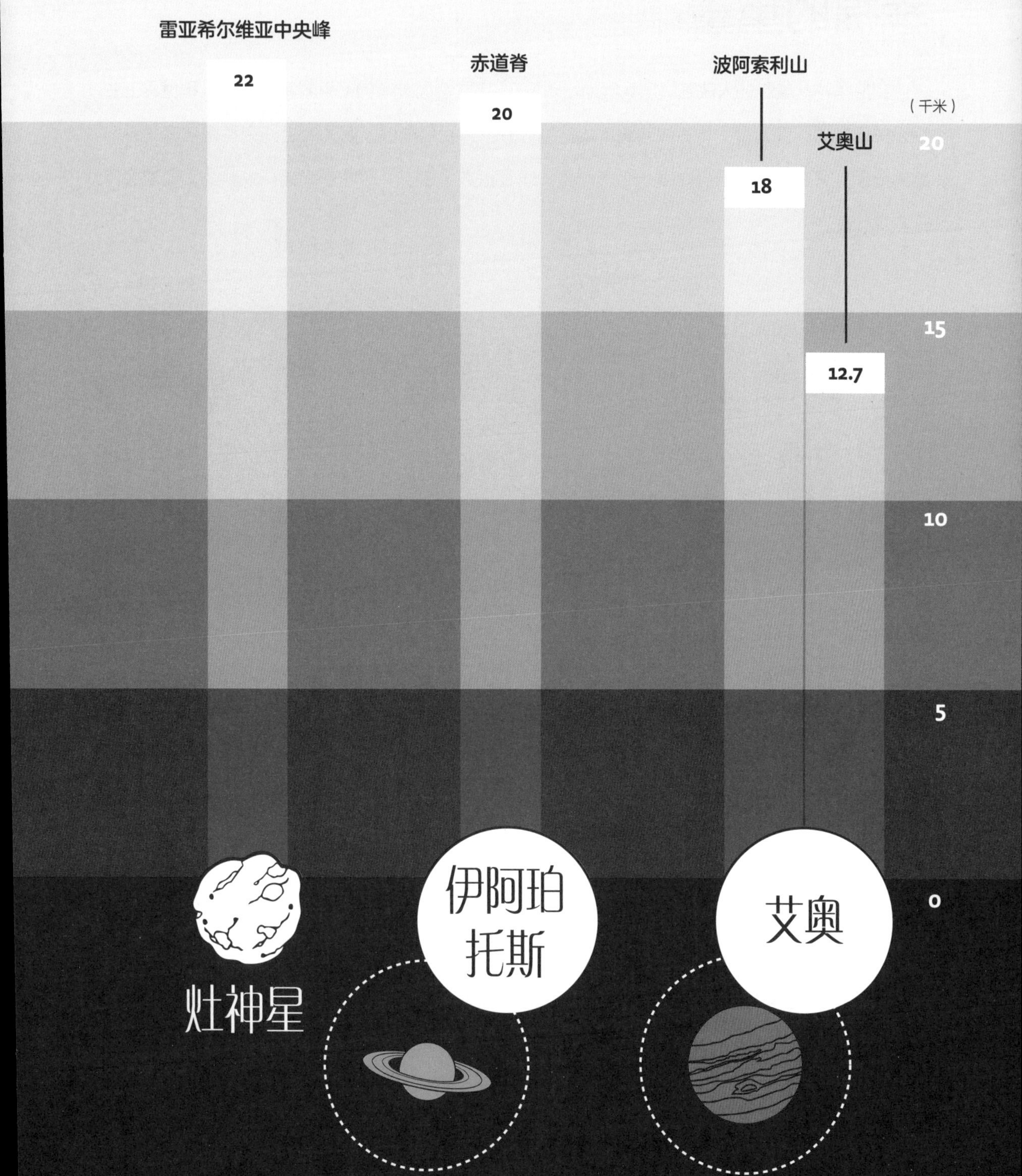

雷亚希尔维亚中央峰

22

赤道脊

20

波阿索利山

（千米）

20

18

艾奥山

15

12.7

10

5

伊阿珀
托斯

艾奥

0

灶神星

幸福的重量

　　到底是不是越胖的人就越快乐呢？通过对2013年联合国发布的《世界幸福报告》和世界卫生组织关于各国居民体重平均指数的统计数据进行分析，我们能够了解两者之间究竟是什么关系。结果显示，只有把体重维持在某一个最佳身体质量指数（BMI）时才最幸福，太胖或太瘦都会降低幸福程度。

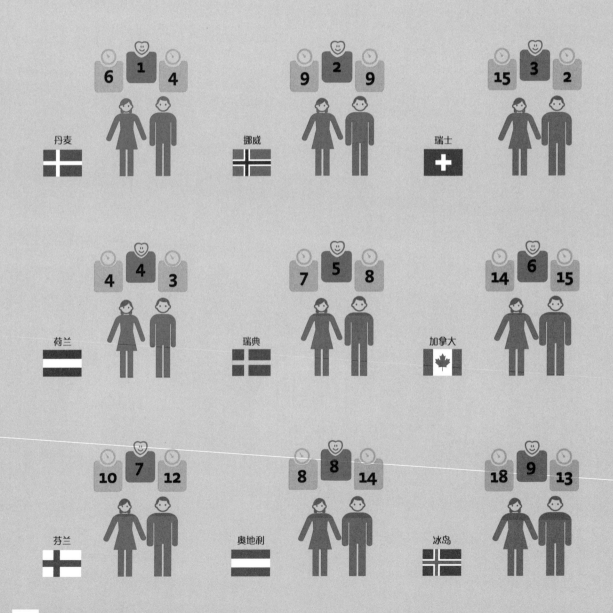

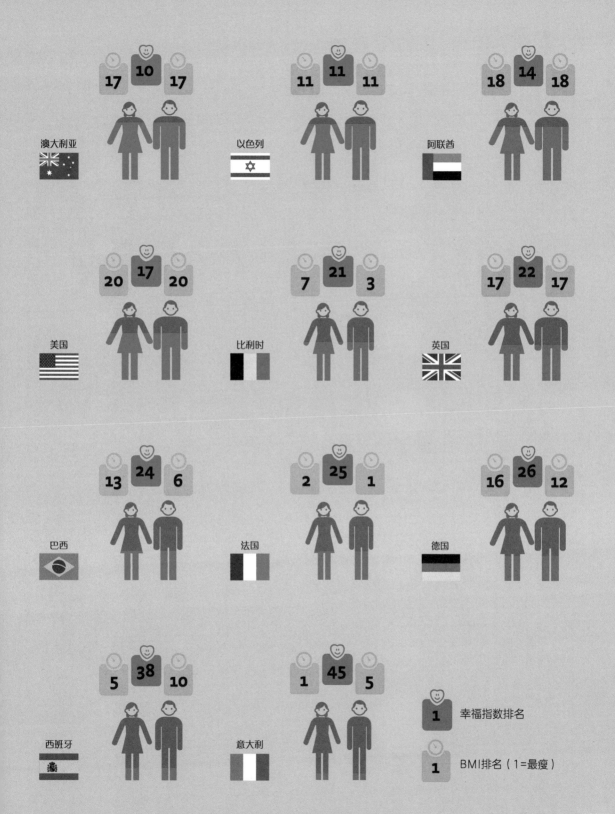

澳大利亚 17 10 17

以色列 11 11 11

阿联酋 18 14 18

美国 20 17 20

比利时 7 21 3

英国 17 22 17

巴西 13 24 6

法国 2 25 1

德国 16 26 12

西班牙 5 38 10

意大利 1 45 5

1 幸福指数排名

1 BMI排名（1=最瘦）

资料来源：哥伦比亚大学地球学院发布的2013年《世界幸福报告》，维基百科

无边无际的巨大火球

下次你在乘坐时间很长的跨国航班时，请记得作为地球的居民，我们只需要24个小时就可以绕地球一圈，这是何等的幸运。与下面列举的一些天体相比，地球不过是宇宙一隅的一粒微小尘埃。

地球	12756千米		太阳系中第四小的行星。
市星 太阳系中最大的行星	139822千米	×11 = ×1	直径比地球大11倍，质量为地球的318倍。
太阳 太阳系中最大的天体	130万千米	×10 = ×1	直径比木星大10倍，比地球大109倍。
盾牌座UY 盾牌座目前已知的最大恒星	24亿千米	×1700 = ×1	直径超过太阳的1700倍。
太阳系 在外太阳系，彗星在距离地球1.87光年的轨道上飞行	4光年	1光年 { 9.5万亿千米	直径过于巨大，以至需要使用全新的计量单位。
银河系 一个螺旋形的星系，由3000亿颗恒星组成	宽度为 100000光年	×27000 = ×1	比太阳系大27000倍。
马卡良348 （NGC262）仙女座目前已知的最大螺旋星系	宽度为 130万光年	×13 = ×1	是银河系的13倍。
IC1101 室女座超巨型椭圆星系	宽度为 600万光年	×4.6 = ×1	直径是马卡良348的近5倍，包含100万亿颗恒星。

资料来源：beforeitsnews网站，news.cnet网站，universetoday网站，维基百科

巨型超大类星体群

宇宙中已知的最大结构，一个大型类星体群，
释放出巨量的电磁辐射

长度为
40亿光年

由73个类星体组成，
质量巨大到无法计算。

阴影里的神秘组织

在阴谋论者眼中，世界被掌握在某些组织手中，尽管它们的行为不可避免地被人们侦知，但这样的组织仍然在阴影中操纵着一切。下面列出了经常被提到的10个强大的秘密组织，以及它们究竟对世界做了什么或者计划做些什么。

公元前 — **12世纪** — **1540年** — **1717年** — **1776年**

外星人

公元前

控制人类

美国资深政客
欧洲王室
娱乐业明星

耶稣会士兄弟会

天主教会

教皇统治世界，消灭民主

已卸任的美国总统和国务卿、大型企业的所有者

光明会

德国巴伐利亚

摧毁基督教，维持神秘学信仰，统治世界

顶级银行家、美国总统、中央情报局局长、全球政治家、英国王室

黑色贵族

意大利威尼斯

通过战争减少人口，然后统治世界

欧洲王室、美国总统和石油大亨的家族

共济会

欧洲

领导世界政府

王室、宇航员、英国首相、商业领袖

秘密组织的行径

● 绑架、人体献祭	● 思维控制
○ 恶魔崇拜	● 操纵美联储、世界银行和世贸组织
○ 世界领袖通过集会来举行异教仪式	● 战争/改变、贩卖毒品和军火贸易
● 发起奴隶贸易	○ 发明并释放了第一颗原子弹
● 虐待儿童	○ 导致了艾滋病的传染
● 英国首相或美国总统背后的势力	○ 制造了经济危机
● 刺杀要人：肯尼迪、教皇保禄二世、阿尔多·莫罗等	● 建立了"光明会"（操纵世界的秘密组织）
● 美国校园枪击事件	● 建立了欧洲联盟
● 策划了"9·11"事件及其他袭击事件	● 颠覆自由派和反资本主义政府
● 控制美国和英国政府、联合国和好莱坞	○ 虚构了登月行动

1872年 **1897年** **1919年** **1948年** **1954年**

波希米亚俱乐部

美国加利福尼亚

摧毁文明，奴役人类

 未知……

美国外交关系协会

美国

以自由市场资本主义作为统治世界秩序的组织

已卸任的美国和英国资深政客、商业领袖、彼尔德伯格集团成员

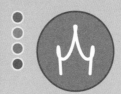

彼尔德伯格格集团

荷兰

控制世界政府、银行和军队

150个成员

300人大会（奥林匹亚众神）

东印度公司

以新的世界秩序统治全球

 美国政客、主要商业领袖

美国中央情报局

通过情报收集保护和增强美国的地位控制人类

 2.15万名员工

资料来源：pseudoreality网站，armageddonconspiracy网站，realworldorder网站，davidicke网站，维基百科

永远滞后一步

　　有时一个先进的理念尽管非常重要，却由于过于先进，无法得到全世界的认可。通过比较发明出现的时间和得到社会接纳的时间，我们发现，降落伞用了3个世纪的时间才得到人们的认同，切片面包被接受用了20年，但从万维网诞生到谷歌成立只用了短短9年时间。

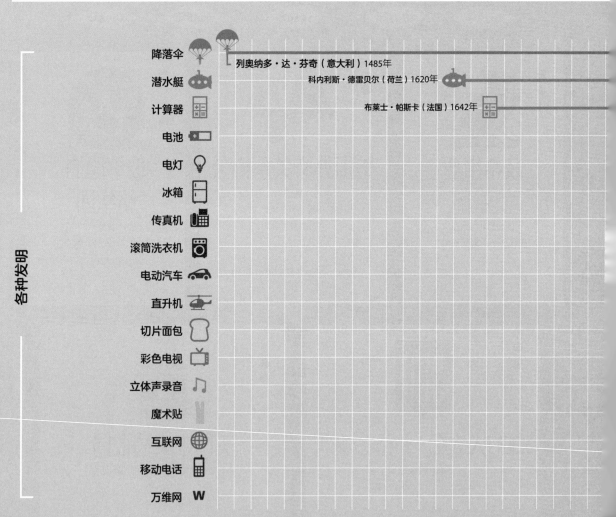

各种发明

降落伞	列奥纳多·达·芬奇（意大利）1485年
潜水艇	科内利斯·德雷贝尔（荷兰）1620年
计算器	布莱士·帕斯卡（法国）1642年
电池
电灯
冰箱
传真机
滚筒洗衣机
电动汽车
直升机
切片面包
彩色电视
立体声录音
魔术贴
互联网
移动电话
万维网

1480年　1500年　1520年　1540年　1560年　1580年　1600年　1620年　1640年　1660年　1680年　1700年

首次被发明

首次商品化

发明者 ●━━━━━━● 重新发明者

发明者	重新发明者	从发明到产品所花费的时间（年）
路易-瑟贝斯廷·历诺曼德（法国）1783年		298
	美国海军，荷兰号1900年	280
	三洋、佳能、夏普（日本）1970年	328
亚历山德罗·伏特（意大利）1800年	国家碳材料公司（美国）1896年	96
汉弗莱·戴维爵士（英国）1801年	爱迪生电灯公司（美国）1880年	79
奥利弗·埃文斯（美国）1805年	佳蒂安冰箱公司（美国）1916年	111
亚历山大·拜恩（英国）1843年	施乐公司（美国）1964年	121
詹姆斯·金（美国）1851年	爱迪生电力公司（美国）1904年	53
托马斯·帕克（英国）1884年	本田公司（日本）1997年	113
保罗·科尔尼（法国）1907年	西科斯基（俄罗斯）1942年	35
奥托·罗韦德尔（美国）1912年	大陆烘焙公司（美国）1930年	18
约翰·罗杰·贝尔德（英国）1928年	哥伦比亚广播公司（美国）1950年	22
阿兰·布鲁姆莱恩（英国）1931年	音频保真唱片公司（美国）1957年	26
乔治·德·梅斯特拉尔（瑞士）1948年	维可牢公司（美国）1958年	10
伦敦大学学院（英国）、斯坦福国际研究院（美国）1969年	美国国防部1982年	13
马丁·库珀博士（美国）1973年	摩托罗拉公司（美国）1983年	10
蒂姆·伯纳斯-李（英国）1989年 W-W	谷歌公司（美国）1998年	9

1760年 1780年 1800年 1820年 1840年 1860年 1880年 1900年 1920年 1940年 1960年 1980年 2000年

资料来源：britishlibrary网站，audiokarma网站，lightbulb网站，维基百科，莱默森基金会，美国物理学会，radiomuseum网站，《直升机》杂志，about网站，biography网站，velcro网站，《盖尔公司历史指南》，老旧计算器网上博物馆，ideafinder网站，bairdtelevision网站

世界上的数据安全吗?

世界上的数据被储存在地下或者其他秘密的地点，一般由独立于电网运行的不间断电源供电。世界上还有一些传统的图书馆，保存着用于记录信息的书籍和纸张。以下是世界上的主要图书馆和数据中心，以及能够威胁到它们存在的因素。

英国 **英国国家图书馆** 1亿7000万册藏书 占地11.2万平方米	美国 **美国国会图书馆** 1亿5180万册藏书 占地18.6万平方米	美国 **纽约公共图书馆** 5310万册藏书 占地60079平方米	俄罗斯 **俄罗斯国家图书馆** 4440万册藏书 占地57600平方米	日本 **日本国立国会图书馆** 3560万册藏书 占地74900平方米	中国 **中国国家图书馆** 3120万册藏书 占地8万平方米

对图书馆的主要威胁

 火灾　　 爆炸

地震　　预算削减

海啸　　人员削减

缺少维护　　空气质量变化

 焚书的社会风气

谷歌 古斯河谷 伯克利县 南卡罗来纳州，美国 （未知）	谷歌 勒诺 北卡罗来纳州，美国 （未知）	谷歌 康瑟尔布拉夫斯 艾奥瓦州，美国 10684平方米	谷歌 道格拉斯县 佐治亚州，美国 （未知）
谷歌 梅耶斯县 俄克拉荷马州，美国 130064平方米	谷歌 达尔斯 俄勒冈州，美国 15236平方米	谷歌 彰化县 台湾省，中国 （未知）	谷歌 新加坡 （未知）
谷歌 哈米纳 芬兰 （未知）	谷歌 圣·吉斯兰 比利时 （未知）	谷歌 都柏林 爱尔兰 （未知）	谷歌 基利库拉 智利 （未知）

IBM公司在6个大洲建有数据中心，总面积达到740万平方米

其他可能存在的谷歌数据中心

谷歌 山景城 加利福尼亚州，美国 （未知）	谷歌 普莱森顿 加利福尼亚州，美国 （未知）	谷歌 圣何塞 加利福尼亚州，美国 （未知）	谷歌 洛杉矶 加利福尼亚州，美国 （未知）	谷歌 帕罗奥多 加利福尼亚州，美国 （未知）	谷歌 波特兰 俄勒冈州，美国 （未知）	谷歌 亚特兰大 佐治亚州，美国 （未知）
谷歌 休斯敦 得克萨斯州，美国 （未知）	谷歌 多伦多 加拿大 （未知）	谷歌 柏林 德国 （未知）	谷歌 法兰克福 德国 （未知）	谷歌 慕尼黑 德国 （未知）	谷歌 苏黎世 瑞士 （未知）	谷歌 格罗宁根 荷兰 （未知）

图书馆

世界上最大的数据中心

谷歌的数据中心
（谷歌公司已承认拥有的设施）

脸书的数据中心

国际信息中心 廊坊，中国 585289平方米	Switch集团SuperNAP 数据中心 拉斯维加斯 内华达州，美国 204870平方米	美国国家安全局数据中心 布拉夫戴尔 犹他州，美国 92903平方米	350 E 塞尔纳克 芝加哥 伊利诺伊州，美国 104300平方米	QTS都市圈数据中心 亚特兰大 佐治亚州，美国 91974平方米 （Twitter公司）
Tulip数据城 班加罗尔 印度 83613平方米	美洲NAP数据中心 迈阿密 佛罗里达州，美国 69677平方米	新一代数据中心 纽波特，威尔士 69677平方米	凤凰1号数据中心 菲尼克斯 亚利桑那州，美国 66700平方米	微软 芝加哥 伊利诺伊州，美国 65032平方米
微软 都柏林 爱尔兰 54255平方米	杜邦法布罗技术公司 埃尔克格罗夫村 伊利诺伊州，美国 45058平方米	微软 昆西 华盛顿州，美国 43664平方米	微软 圣安东尼奥 得克萨斯州，美国 43664平方米	
Facebook 阿尔图纳 艾奥瓦州，美国 44222平方米	Facebook 普赖恩维尔 俄勒冈州，美国 28521平方米	Facebook 福利斯特城 北卡罗来纳州，美国 27871平方米	Facebook 吕勒奥 瑞典 27000平方米	

对数据中心的主要威胁

 火灾   爆炸

 地震   破产

僵尸网络   开放转发   海啸

人为疏漏   人员削减   黑客

 商业恐怖主义   病毒/恶意软件   环保主义者

缺少维护   电力中断   高温

资料来源：google网站，datacenterknowledge网站，equipemicrofix网站，govtech网站，newsroom网站，维基百科

谷歌 赖斯顿 弗吉尼亚州，美国 （未知）	谷歌 弗吉尼亚海滩 弗吉尼亚州，美国 （未知）	谷歌 东京 日本 （未知）	谷歌 西雅图 华盛顿州，美国 （未知）	谷歌 芝加哥 伊利诺伊州，美国 （未知）	谷歌 迈阿密 佛罗里达州，美国 （未知）	谷歌 阿什本 弗吉尼亚州，美国 （未知）
谷歌 蒙斯 比利时 （未知）	谷歌 埃姆斯哈文 荷兰 （未知）	谷歌 巴黎 法国 （未知）	谷歌 伦敦 英国 （未知）	谷歌 米兰 意大利 （未知）	谷歌 莫斯科 俄罗斯 （未知）	谷歌 圣保罗 巴西 （未知）

失去信号连接

如果你想逃离电子信息的干扰，放弃与人交流的便利，远离人类文明，整个世界上并没有太多可以能够满足这一要求的偏远地方。下面列举了世界上十个最难到达、人口最少、没有手机信号（甚至缺乏电力供应）的地方。

手机信号未能覆盖的地方

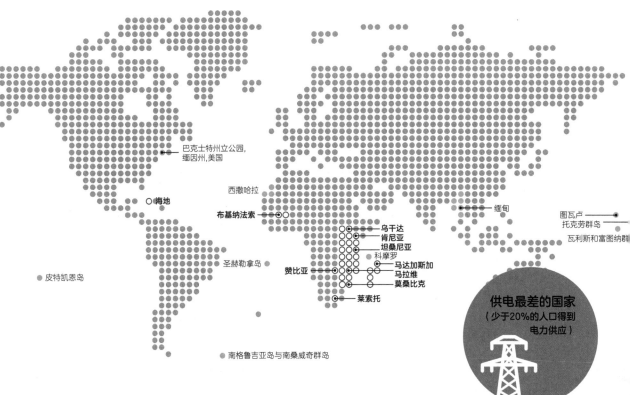

供电最差的国家
（少于20%的人口得到电力供应）

国家/地区	人口
● 南格鲁吉亚岛与南桑威奇群岛	60
● 皮特凯恩岛，南太平洋	67
● 托克劳群岛，南太平洋	1400
● 圣赫勒拿岛，南大西洋	4255
● 图瓦卢，太平洋	10837
● 瓦利斯和富图纳群岛，南太平洋	13484
● 巴克士特州立公园，缅因州，美国	63000
● 西撒哈拉，北非	513000
● 科摩罗，印度洋	798000
● 缅甸，东南亚	61120000

国家/地区	得到供电的人口%	人口
● 坦桑尼亚，非洲	14.8	44928923
● 肯尼亚，非洲	18.1	44037656
● 乌干达，非洲	8.5	35873253
● 莫桑比克，非洲	15	23929708
● 马达加斯加，印度洋	17.4	22005222
● 马拉维，非洲	8.7	16407000
● 布基纳法索，西非	14.6	15730977
● 赞比亚，东非	18.5	14309466
● 海地，加勒比海	20	9719932
● 莱索托，南非	17	2067000

国家/地区	人口
● 皮拉米德岛，肯尼亚（位于维多利亚湖中）	0
● 麦夸里岛，西南太平洋	20～40
● 克尔格伦群岛，南印度洋	50～100（科学家）
● 皮特凯恩岛，南太平洋	67
● 苏派，亚利桑那州，美国	208
● 特里斯坦-达库尼亚群岛，南大西洋	少于300
● 伊图夸特米特，格陵兰	452
● 约克角半岛，澳大利亚	少于18000

最偏远的地方
（没有机场或公路）

地球上
人口最少的
地方

国家/地区	人口	面积（平方千米）	人口密度（人/平方千米）
● 加拿大	32805000	9976970	3
● 澳大利亚	20090400	7686850	3
● 利比亚，北非	5765600	1759540	3
● 蒙古，中亚	2791300	1556000	2
● 纳米比亚，西非	2030700	825418	2
● 博茨瓦纳，非洲	1640100	600370	3
● 毛里塔尼亚，北非	3086900	1030700	3
● 圭亚那，南美	765300	214970	4
● 苏里南，南美	438100	163270	3
● 冰岛	296700	103000	3

资料来源：worldbank网站，worldtimezone网站，calibryze网站，维基百科，worldatlas网站

通往无限……超越无限?

在计算机科学领域，下一个重大突破将会是量子计算机的应用。实际上，已经有生产和销售此类设备的公司声称完成了量子计算机的制造，人们将其称为"无限机"，价格高达1000万美元。以下是有关量子计算机的一些小知识。

理论基础

利用量子叠加性，我们可以同时计算可能相反或相互矛盾的结果：既不是"是"，也不是"否"；同时既是"是"，又是"否"。

薛定谔的猫

薛定谔的猫被封闭在一个箱子中，箱中同时还有一瓶毒药和一些放射性物质。如果放射性物质发生衰变，就会导致锤子落下砸碎毒药瓶，猫会中毒身亡。否则猫则会平安无恙。薛定谔认为猫处于既生又死的叠加态，只有打开箱子才能确知。

计算机

传统计算机以二进制方式工作，即通过"非0即1"的形式来完成运算。

D-WAVE 2拥有512个被称为"量子比特"的超导电路来进行运算，它们在运算中可以同时表达0和1。

通过优选法对多个可能的问题答案进行排序和选择。

由于D-WAVE 2可以同时执行多项任务，因此速度大大高于普通计算机。

2013年5月的一次比赛中，当时拥有439个量子比特的D-WAVE 2的运算速度比最快的普通计算机还要快3600倍，仅用0.5秒就发现了100多个变量。

投资者

德丰杰基金
曾经投资过Skype和特斯拉汽车的风险投资机构

杰夫·贝佐斯
亚马逊公司创始人

In-Q-Tel
美国中央情报局的战略投资机构

客户

洛克希德马丁公司
航空和国防承包商
美国国家航空航天局
谷歌公司
大学空间研究协会

产品特点

外观为3米高的黑色箱体，内置圆柱形冷却塔。

在-273℃的条件下工作，比外太空的温度（-272℃）更低，仅比绝对零度高0.02℃。

屏蔽比地球磁场小50000倍的磁场。

运行环境高度真空，压力比大气压力低100亿倍。

192条输入、输出和控制线路，联通芯片和室温环境。

"冰箱" 冷却系统和服务器消耗15.5千瓦电力（传统超级计算机消耗2335千瓦）

制造商： D-WAVE，成立于1999年，办公场所分布在加拿大不列颠哥伦比亚省的温哥华、美国的华盛顿特区和加利福尼亚州的帕罗奥多

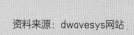

生命、死亡和财富

一个国家的财富水平对人们的寿命和死亡率有什么影响？以下是世界上10个重要国家的人均GDP与其儿童和成人死亡率及预期寿命之间的比较。

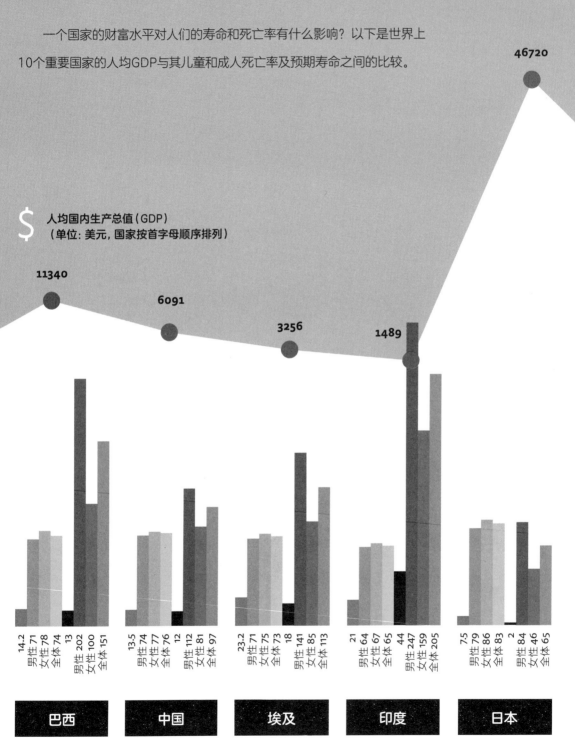

$ 人均国内生产总值（GDP）
（单位：美元，国家按首字母顺序排列）

46720

11340

6091

3256

1489

| 巴西 | 中国 | 埃及 | 印度 | 日本 |

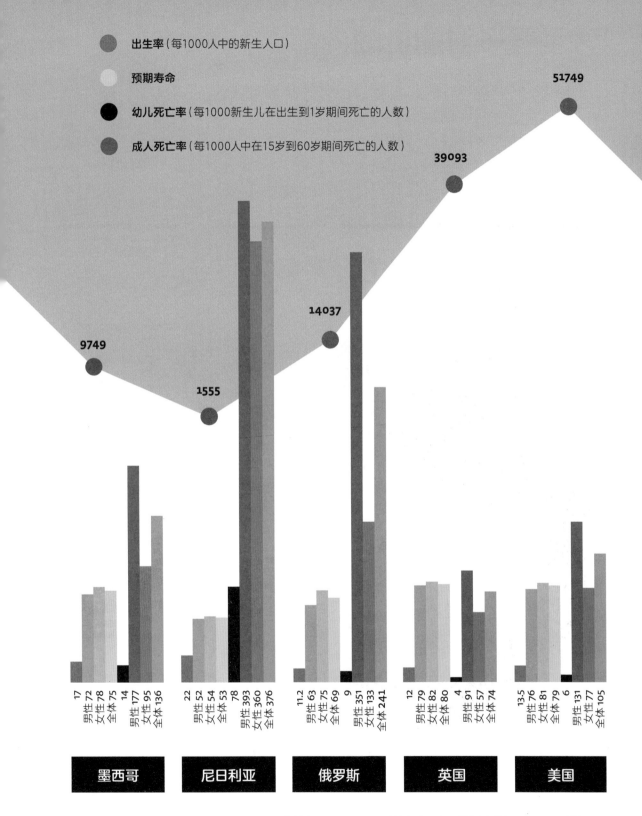

出生率（每1000人中的新生人口）

预期寿命

幼儿死亡率（每1000新生儿在出生到1岁期间死亡的人数）

成人死亡率（每1000人中在15岁到60岁期间死亡的人数）

9749

1555

14037

39093

51749

墨西哥

17
男性 72
女性 78
全体 75
14
男性 177
女性 95
全体 136

尼日利亚

22
男性 52
女性 54
全体 53
78
男性 393
女性 360
全体 376

俄罗斯

11.2
男性 63
女性 75
全体 69
9
男性 351
女性 133
全体 241

英国

12
男性 79
女性 82
全体 80
4
男性 91
女性 57
全体 74

美国

13.5
男性 76
女性 81
全体 79
6
男性 131
女性 77
全体 105

资料来源：Gapminder/联合国人口司，世界卫生组织，worldbank网站

大型强子对撞机的内部

科学家认为大型强子对撞机可以帮助揭示地球的起源。但是大型强子对撞机到底是什么？这里我们列举了一些事实。

周长：27千米

大型：
世界上最大和功率最强的粒子加速器。

强子：
受到强相互作用的质子和离子等亚原子粒子。

对撞机：
粒子组成两束粒子流，相向发射，在4个区域进行对撞。

最大速度：可高达0.999999991倍光速，粒子穿行频率可超过每秒11000次。

每秒的撞击次数：6亿次（估计值）。

在最高功率下，对撞机中的质子束的动能相当于一列以150千米/时前进的列车。

运行温度：−271.3℃，比外太空的温度还低。

使用大量铌钛超导合金细丝，长度是地球和太阳之间距离的10倍，直径仅为0.007毫米（是人类的头发直径的十分之一）。

每天对2纳克氢元素进行加速。如果需要加速的氢元素增加到1克，加速时间将长达100万年。

粒子束管道中的压力大约是月球表面的压力的十分之一。

作为探测器的紧凑渺子线圈（CMS），使用一个巨大的环形磁场线圈来使得粒子束的轨迹发生偏移。

CMS的磁场线圈使用的铁的重量超过了埃菲尔铁塔，约为10000吨。

每年大型强子对撞机开展的主要实验产生的数据足以写满10万张DVD光盘。

深度：175米到50米

资料来源：cern网站

交通堵塞

　　只要你在某条主要道路上开车行驶一段距离，难免会遇到交通堵塞的情况，你不得不减慢车速，缓慢地通过拥堵路段，才能再次把速度提升到正常水平。但是继续行驶一段时间后，你却没有看到任何事故或其他可能导致交通堵塞的原因。也许刚刚发生了以下这一系列情况。

 两辆车一前一后匀速行驶，速度约为112千米/时，前车突然刹车后车被迫将车速降到约95千米/时

 在两车后面约400米处正常行驶的车辆减速至70千米/时

 后方车辆距离前方车辆约800米看到前车刹车灯亮起后，减速至40千米/时

 后方车辆距离前方车辆约2.2千米看到前方似乎开始拥堵，不得不将车速急速降至约25千米/时

 前方车辆将速度恢复至约110千米/时

 距离前方车辆约3.2千米的车辆已经进入拥堵路段，把车速降到缓慢的约8千米/时，直到前车恢复车速后方可提速

幸运的意外

有时事情不会按照计划中那样发展，即使是顶尖的专家也不能逃脱这一命运。有时科学家和医生会遇到意料之外的情况，但其带来的价值远远大于实验原来所要取得的成果。以下我们列举了世界上一些最幸运的意外、由此而来的意外发现，以及它们如何永远地改变了我们生活的这个世界。

青霉素类抗生素

亚历山大·弗莱明爵士，1928年

在研究细菌的时候，他将一个细菌培养皿遗留在了水槽中，结果发现一种新的霉菌将细菌杀死了。

2000年

1990年

思高洁去污剂，帕齐·谢尔曼，1970年
在研究人造橡胶的时候，她不小心打翻了实验用的化学物质，洒在了自己的鞋子上，结果发现鞋子因此保持了清洁。

1980年

心脏起搏器：威尔森·格雷特巴奇，1956年
在研究心跳记录器的时候，他误将一个错误的晶体管插在了机器上，结果听到了心跳的声音。

1970年

维克牢魔术贴（尼龙搭扣）：乔治·杜·梅斯特拉尔，1955年在遛狗的时候，他对紧紧粘在狗身上的植物种子产生了兴趣。

1960年

万能胶：哈利·库弗，1951年
在研究喷气飞机座舱盖的时候，他在塑料聚合物中加入了氰基丙烯酸酯，结果发现生成物黏性太强，根本无法使用。

1950年

弹簧玩具：理查德·琼斯，1943年
在研究能耗监测器的时候，他失手掉落了一个弹簧，看到弹簧以特别的方式缓慢地在房间中移动。

1940年

特氟龙不沾涂料：罗伊·普朗凯特，1938年
在测试制冷剂的时候，发现一种实验气体使得储存容器的内壁变得不易粘连其他物质。

1930年

猫眼反光标志：珀西·肖，1934年
在大雾中开车回家的时候，他依靠车灯在有轨电车轨道上的反光辨认方向。

1920年

酚醛塑料：里奥·贝克兰德，1907年
在研究绝缘材料的时候，他在实验中发现了一种化合物，具有一定延展性，但在干燥后就会变得坚硬。

1910年

安全玻璃：爱德华·本尼迪克图，1903年
在研究一种塑料树脂的时候，他失手打碎了装有树脂的烧杯，但烧杯的碎片并没有飞溅开来，而是粘连在一起。

1900年

X射线照相机：威廉·伦琴，1895年
在使用阴极射线管的时候，他通过给射线管通电，看到附近的屏幕在黑暗中发出了微光。

1890年

1880年

凡士林矿脂：罗伯特·切斯堡，1872年
在研究石油残留物的时候，他看到矿工用油钻上的石油残留物来治疗灼伤。

1870年

烈性炸药：阿尔弗雷德·诺贝尔，1867年
在研究硝化甘油的时候，他发现这种化学物质渗入了包装材料中，极大地提高了爆炸物的稳定性。

1860年

紫色纺织物染料：威廉·珀金爵士，1856年
在研究人工合成奎宁的时候，他通过对煤焦油残留物进行实验，获得了一种美丽的紫色。

1850年

智慧型微传感器

杰米·林克，2003年

在研究半导体的时候，一个硅芯片碎裂了，她发现每个碎片仍然能实现原有的功能。

即时贴

斯班瑟·西尔弗，1968年

在研究强力胶水的时候，他制造出了一种不会干掉的黏合材料，被一名大学生拿来用于固定书签。

微波炉

珀西·斯班瑟，1945年

在研究雷达设备的时候，他站在雷达前，结果口袋里的巧克力融化了。

可口可乐碳酸汽水

约翰·彭伯顿，1886年

在研究止疼药的时候，他不小心将苏打水加入了一种治疗头疼的草药制剂中。

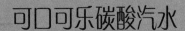

药物麻醉

霍拉斯·威尔斯医生，1846年

在做牙医的时候，他观看了一出舞台剧，其中使用了一氧化二氮（笑气）。

上天入地

如果没有电梯，曼哈顿和东京会变成什么样子？高楼大厦中的生活需要运行平稳、功能强大的电梯，进入21世纪以来更是如此。但如果回顾历史，我们会发现人类花费了2000年的时间才走到今天这一步。

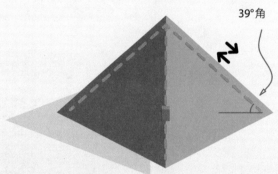

角度最大的电梯
卢克索酒店，拉斯维加斯，内华达州，美国

39°角

最快和最高的电梯
哈利法塔，迪拜，阿联酋

10米/秒
最大高度超过800米

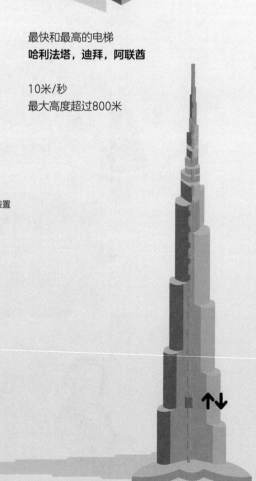

公元前236年	阿基米德建造了第一台升降装置
1743年	法国的凡尔赛宫里安装了"飞椅"
1823年	建筑师波顿和霍纳在伦敦建造了"飞升的房间"
1835年	英国发明家福斯特和斯特拉特展示了蒸汽驱动的升降机
1845年	威廉·阿姆斯特朗爵士在英国的纽克斯尔发明了水力吊车
1850年	纽约人亨利·沃特曼发明了一套用于控制升降机的绳索系统
1851年	位于马萨诸塞州波士顿的乔治·福克斯及伙伴公司开始生产自锁蜗轮蜗杆装置
1853年	纽约出现了第一座在设计阶段就包含了升降平台的建筑
1854年	伊莱沙·奥的斯在纽约的世界博览会上展示了第一台"安全升降梯"
1857年	奥的斯升降梯公司为纽约百货商店安装了世界上第一台客梯
1867年	里昂·埃杜展示了第一台用水压驱动的客用升降梯
1869年	威廉·E. 海尔在芝加哥制造出了水平衡升降梯
1870年	纽约最高的建筑（9层）安装了第一台由建筑师设计的客用升降梯
1878年	德国的西门子建造了第一台电梯
1889年	奥的斯升降梯公司为纽约百货商店安装了第一台直流电驱动的电梯，随后将动力改为了交流电
1924年	奥的斯电梯公司在电梯里安装了第一套由按键控制的自动呼叫系统
1929年	自动门开关系统获得专利
1932年	纽约帝国大厦安装的电梯每分钟可以升降1000英尺
1945年	电梯事故下落楼层最多的生还者：贝蒂·娄·奥利弗，从帝国大厦75层落下
1999年	第一台气动真空升降梯问世

最高的室外升降梯
百龙观光电梯
张家界，中国

升上约305米高的
陡峭悬崖

最大的电梯
梅田阪急大厦中的5台
电梯，大阪，日本

大致数据：3.4米宽，2.8米
长，2.6米高，能容纳80人

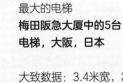

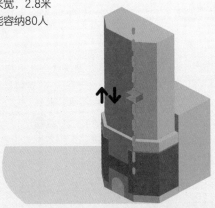

最深的电梯
姆波尼格金矿，奥兰治自由邦，南非

3073米（低于海平面1200米）

蜗轮和蜗杆

活塞

压力上升
或下降

传统型
以交流或直流电驱动
马达，蜗轮和蜗杆控
制钢索

直驱牵引型
以交流电或直流电驱
动齿轮，并与电梯竖
井中的齿状轨道相连

液压型
利用水压或油压控制
活塞杆

空气动力真空型
轿厢处于管道中，通过降
低管道上部压力令轿厢上
升，重新加压使其下降

资料来源：theelevatormuseum网站，维基百科

是否具备管理一个国家的资格？

要成为一个国家的政治领袖，需要什么样的资格呢？通过跟踪以下国家领导人的教育背景和从政前的经历，我们可以了解到某些学科发挥了不可忽视的作用。

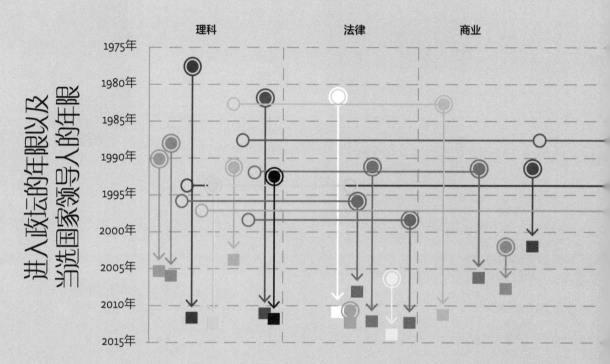

从政前的经历

■	澳大利亚：托尼　阿博特 出生于1957年	天主教教会学校学生、新闻工作者、企业管理者
■	奥地利：维尔纳·法伊曼 出生于1960年	中央银行顾问、维也纳租房者联合会省主席
■	巴西：迪尔玛·罗塞夫 出生于1947年	反政府游击队员，1970–1973被捕入狱，政务管理人员
■	加拿大：史蒂芬·哈珀 出生于1959年	议员助手
■	丹麦：赫勒·托宁–施密特 出生于1966年	无
■	芬兰：于尔基·卡泰宁 出生于1971年	教师
■	法国：弗朗索瓦·奥朗德 出生于1954年	总统经济顾问
■	格鲁吉亚：伊拉克利·加里巴什维利 出生于1982年	慈善组织主席、银行董事会成员、唱片公司总监
■	德国：安格拉·默克尔 出生于1954年	化学研究人员
■	希腊：安东尼斯·萨马拉斯 出生于1951年	无
■	格陵兰：艾蕾卡·哈蒙德 出生于1965年	导游、地区协调员、因纽特人极地委员会委员
■	印度：曼莫汉·辛格 出生于1932年	联合国管理人员、政府顾问
■	伊拉克：努里·马利基 出生于1950年	教师、报纸编辑

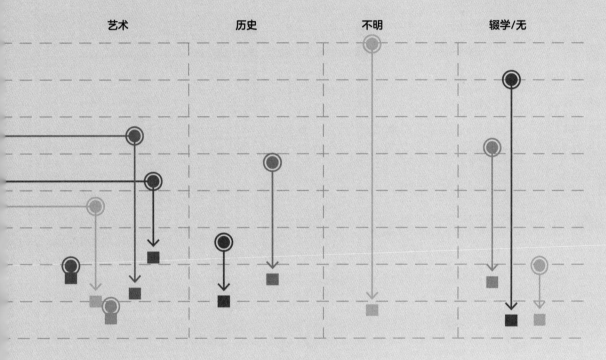

学历/学习的领域

- ○ 学历/学习的领域
- ● 进入政坛的年限
- ■ 当选国家领导人的年限

艺术	历史	不明	辍学/无

爱尔兰：恩达·肯尼 出生于1951年 小学教师

以色列：本杰明·内塔尼亚胡 出生于1949年 军队军官、管理顾问、非政府组织官员、市场总监、以色列大使

意大利：马泰奥·伦齐 出生于1975年 意大利人民党省书记

日本：安倍晋三 出生于1954年 神户钢铁高管、外务大臣的助手、政党党魁的秘书

朝鲜：朴凤柱 出生于1939年 食品厂管理人员

韩国：郑烘原 出生于1944年 检察官

卢森堡：格扎维埃·贝泰尔 出生于1973年 电视脱口秀主持人、律师

荷兰：马克·吕特 出生于1967年 联合利华等企业的人力资源经理、人力资源总监

新西兰：约翰·基 出生于1961年 审计人员、工厂项目经理、外汇交易员

波兰：唐纳德·图斯克 出生于1957年 新闻工作者

俄罗斯：弗拉基米尔·普京 出生于1952年 克格勃军官、列宁格勒大学国际事务官员、列宁格勒市长

西班牙：马里亚诺·拉霍伊 出生于1955年 公务员

瑞典：弗雷德里克·赖因费尔特 出生于1965年 斯德哥尔摩市委会秘书

土耳其：雷杰普·塔伊普·埃尔多安 出生于1954年 半职业足球运动员、伊斯坦布尔市长

英国：戴维·卡梅伦 出生于1966年 电视公司公共事务主管、保守党政治家特别顾问

美国：贝拉克·奥巴马 出生于1961年 纽约公共利益研究小组管理人员、芝加哥社区发展项目主管、《哈佛法律评论》主席、芝加哥大学法学院法学高级讲师、律师、法律顾问

恐龙的世界

当恐龙统治地球的时候，它们究竟生活在哪些地方？通过考古发掘和研究成果，我们至少能够知道它们在灭绝前生活在哪里。以下是从20种常见恐龙的骨骼化石中发掘到的信息。

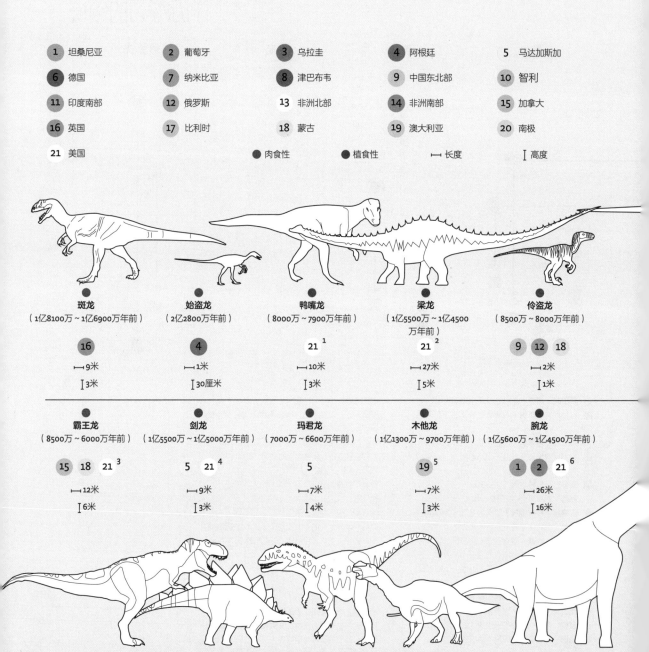

1 坦桑尼亚	2 葡萄牙	3 乌拉圭	4 阿根廷	5 马达加斯加
6 德国	7 纳米比亚	8 津巴布韦	9 中国东北部	10 智利
11 印度南部	12 俄罗斯	13 非洲北部	14 非洲南部	15 加拿大
16 英国	17 比利时	18 蒙古	19 澳大利亚	20 南极
21 美国		● 肉食性 ● 植食性	⊢—⊣ 长度	Ι 高度

斑龙
（1亿8100万～1亿6900万年前）
16
⊢—⊣ 9米
Ι 3米

始盗龙
（2亿2800万年前）
4
⊢—⊣ 1米
Ι 30厘米

鸭嘴龙
（8000万～7900万年前）
21 [1]
⊢—⊣ 10米
Ι 3米

梁龙
（1亿5500万～1亿4500万年前）
21 [2]
⊢—⊣ 27米
Ι 5米

伶盗龙
（8500万～8000万年前）
9 12 18
⊢—⊣ 2米
Ι 1米

霸王龙
（8500万～6000万年前）
15 18 21 [3]
⊢—⊣ 12米
Ι 6米

剑龙
（1亿5500万～1亿5000万年前）
5 21 [4]
⊢—⊣ 9米
Ι 3米

玛君龙
（7000万～6600万年前）
5
⊢—⊣ 7米
Ι 4米

木他龙
（1亿1300万～9700万年前）
19 [5]
⊢—⊣ 7米
Ι 3米

腕龙
（1亿5600万～1亿4500万年前）
1 2 21 [6]
⊢—⊣ 26米
Ι 16米

[1]新泽西；[2]科罗拉多、蒙大拿、犹他、怀俄明；[3]蒙大拿、得克萨斯、犹他、怀俄明、新墨西哥；[4]科罗拉多、犹他、怀俄明；[5]昆士兰；[6]科罗拉多；

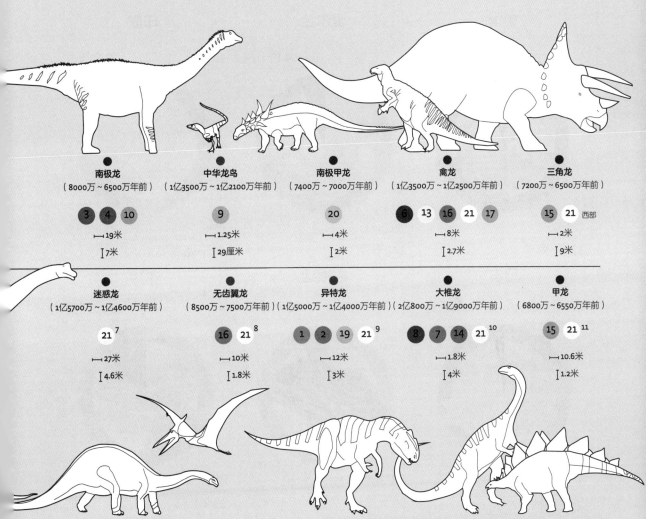

南极龙
（8000万～6500万年前）

3 4 10

├─ 19米

├ 7米

中华龙鸟
（1亿3500万～1亿2100万年前）

9

├─ 1.25米

├ 29厘米

南极甲龙
（7400万～7000万年前）

20

├─ 4米

├ 2米

禽龙
（1亿3500万～1亿2500万年前）

6 13 16 21 17

├─ 8米

├ 2.7米

三角龙
（7200万～6500万年前）

15 21 西部

├─ 2米

├ 9米

迷惑龙
（1亿5700万～1亿4600万年前）

21 [7]

├─ 27米

├ 4.6米

无齿翼龙
（8500万～7500万年前）

16 21 [8]

├─ 10米

├ 1.8米

异特龙
（1亿5000万～1亿4000万年前）

1 2 19 21 [9]

├─ 12米

├ 3米

大椎龙
（2亿800万～1亿9000万年前）

8 7 14 21 [10]

├─ 1.8米

├ 4米

甲龙
（6800万～6550万年前）

15 21 [11]

├─ 10.6米

├ 1.2米

[7]科罗拉多、俄克拉荷马、犹他、怀俄明；[8]堪萨斯；[9]科罗拉多、蒙大拿、新墨西哥、俄克拉荷马、南达科他、犹他、怀俄明；[10]亚利桑那；[11]蒙大拿。

资料来源：enchantedlearning网站，about网站，维基百科

137

蜗牛还是巧克力？

　　许多国家的人喜欢用他国餐桌上的奇怪食物（不管是肉类、奶酪还是软体动物）定义其他国家，但是，几乎所有人都喜欢巧克力。通过比较15个不同国家年人均消费巧克力和当地著名食物的重量，我们可以了解到人们之间存在多大的差异。

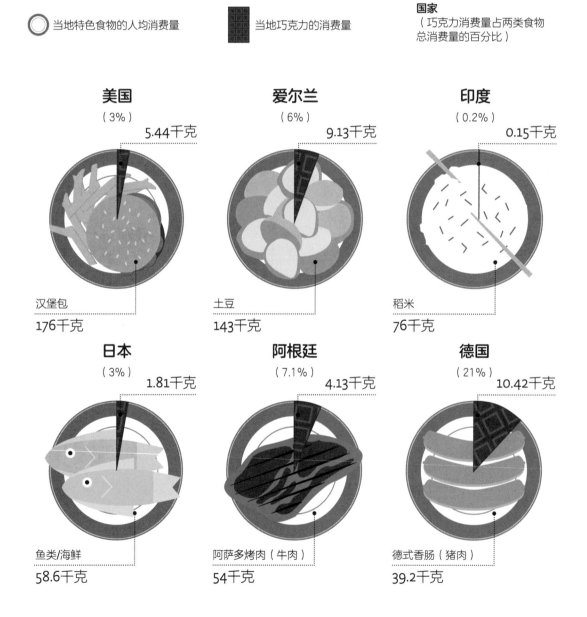

当地特色食物的人均消费量

当地巧克力的消费量

国家
（巧克力消费量占两类食物总消费量的百分比）

美国
（3%）
5.44千克

汉堡包
176千克

爱尔兰
（6%）
9.13千克

土豆
143千克

印度
（0.2%）
0.15千克

稻米
76千克

日本
（3%）
1.81千克

鱼类/海鲜
58.6千克

阿根廷
（7.1%）
4.13千克

阿萨多烤肉（牛肉）
54千克

德国
（21%）
10.42千克

德式香肠（猪肉）
39.2千克

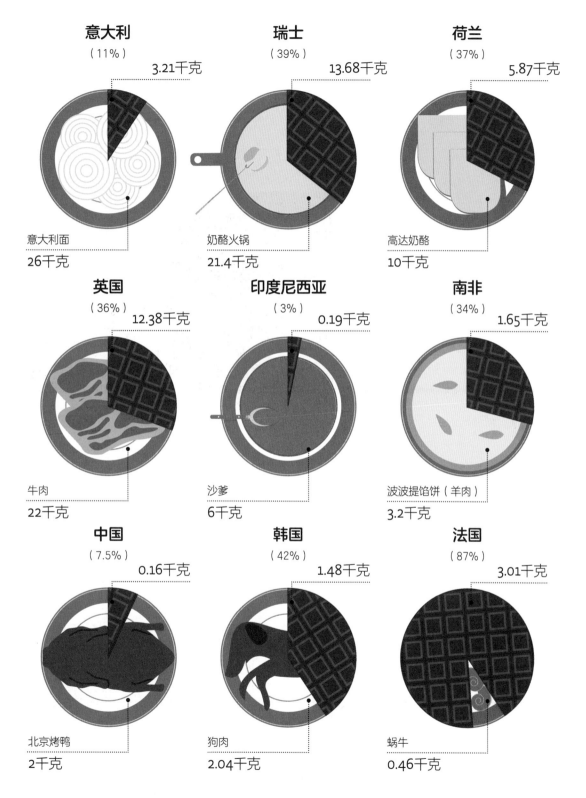

意大利
（11%）
3.21千克
意大利面
26千克

瑞士
（39%）
13.68千克
奶酪火锅
21.4千克

荷兰
（37%）
5.87千克
高达奶酪
10千克

英国
（36%）
12.38千克
牛肉
22千克

印度尼西亚
（3%）
0.19千克
沙爹
6千克

南非
（34%）
1.65千克
波波提馅饼（羊肉）
3.2千克

中国
（7.5%）
0.16千克
北京烤鸭
2千克

韩国
（42%）
1.48千克
狗肉
2.04千克

法国
（87%）
3.01千克
蜗牛
0.46千克

资料来源：euters网站，bbc网站，internationalpasta网站，economist网站，indexmundi网站，thepigsite网站，
pigprogress网站，imv网站，web-japan网站，the poultrysite网站，meattradenewsdaily网站

曾经活着的每一个人

从世界上最初的人类出现开始，想要计算地球上一共生活过多少人类实在不是一件简单的工作，但有机构对此进行了一次有益的尝试。充分考虑了不同时期的预期寿命及疫病、战争、饥荒和低下的医疗水平等因素，研究认为，从公元前50000年至今，地球上生活过的人类总数达到了1070亿。

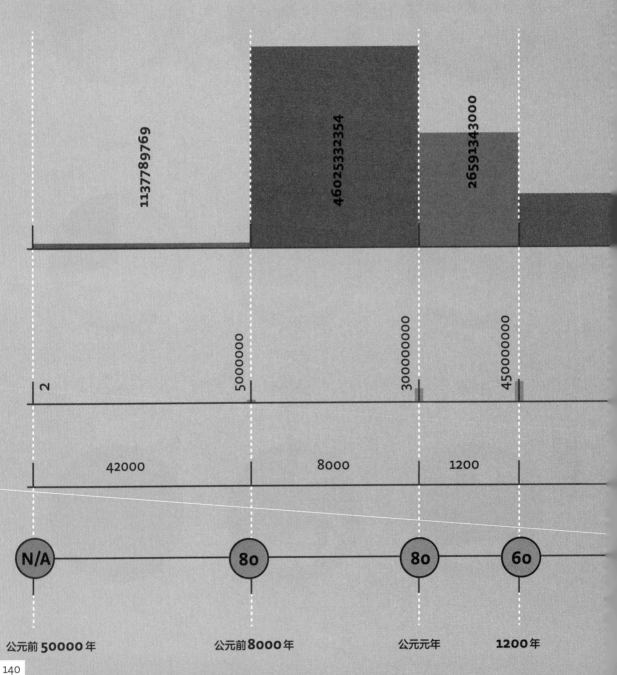

1137789769	46025332354	2659343000	
2	5000000	300000000	450000000
42000	8000	1200	
N/A	80	80	60
公元前 **50000**年	公元前 **8000**年	公元元年	**1200**年

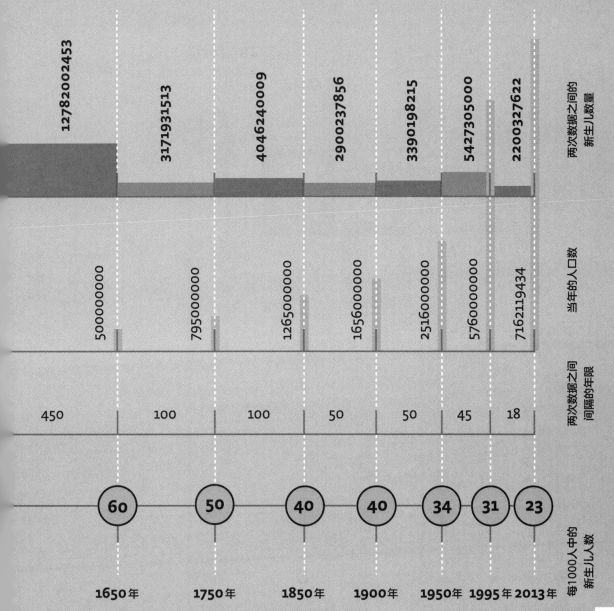

12782002453

3171931513

4046240009

2900237856

3390198215

5427305000

2200327622

两次数据之间的
新生儿数量

500000000

795000000

1265000000

1656000000

2516000000

5760000000

7162119434

当年的人口数

| 450 | 100 | 100 | 50 | 50 | 45 | 18 |

两次数据之间
间隔的年限

60　　50　　40　　40　　34　31　23

每1000人中的
新生儿人数

1650年　　1750年　　1850年　　1900年　1950年 1995年 2013年

资料来源：orb网站，worldometers网站

口袋中的旅行者

    1977年，旅行者系列探测器进入太空开始探索巨大的行星和太阳系以外的空间，它们携带着当时最先进的计算机系统。时至今日，许多人口袋中设备的计算能力都已经远远超过了旅行者。苹果的iPhone 5手机每秒能够执行140亿条指令，比旅行者快了500倍。以下是我们常见的一些科技产品及它们强大的能力。

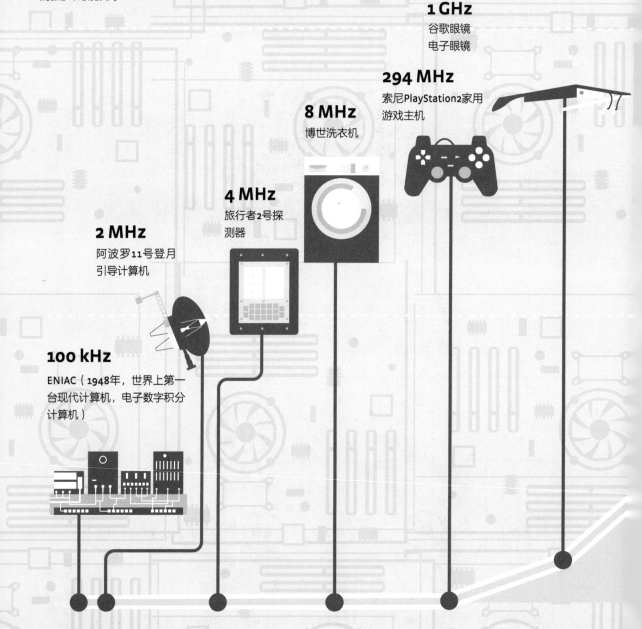

1 GHz
谷歌眼镜
电子眼镜

294 MHz
索尼PlayStation2家用
游戏主机

8 MHz
博世洗衣机

4 MHz
旅行者2号探
测器

2 MHz
阿波罗11号登月
引导计算机

100 kHz
ENIAC（1948年，世界上第一
台现代计算机，电子数字积分
计算机）

换算表

每秒1个周期（CPS）=1赫兹（Hz）

1000赫兹（Hz）=1千赫（kHz）

1000kHz=1兆赫（MHz）

1000MHZ=1吉赫（GHz）

1 petaflop=每秒进行1千亿次运算（petaflop和Hz之间不能进行换算）

4.7 GHz
起源Chronos游戏个人计算机

4 GHz

3.2 GHz
微软Xbox 360家用游戏主机

3.2 GHz
Omega超级笔记本电脑

2 GHz
惠普Pavilion平板电脑

2 GHz

1.5 GHz
iPhone 5智能手机

1～2 GHz
Kindle电子书阅读器（Fire）

天河2号超级计算机（世界上最强大的计算机，每秒可进行3.4万亿次操作）-34petaflop

0

站在世界的巅峰

当第一位宇航员飞向太空的时候，他在穿过大气层的时候必须经历以下几个阶段。

与地球的距离

约53千米

气象气球到达过的最大高度。

约18千米

在这个高度下，如果不穿着压力服，血液会沸腾。

约13千米

云层和各种天气现象远远低于这个高度，因此这里只有耀眼的阳光。

约11千米

商业航班一般在这个高度上飞行（大大高于约8.9千米高的喜马拉雅山）。

约21千米

这是U-2侦察飞机可以到达的最大高度。大气总质量的95%都位于该高度以下。上方的天空为黑色。用肉眼可以明显看到地球的弧度，地平线上呈现白色、浅蓝色或深蓝色。

约3.5千米

空气变得非常稀薄，需要为驾驶舱加压或者通过氧气面罩呼吸。水滴折射阳光，将不同波长的光分开，显示出光谱——彩虹。彩虹是一种光学现象，因此没有起始点，也没有终点。

约6千米

在这个高度，即使是习惯了在高海拔地区生活的人也会感到呼吸困难。大气分子和空气中的其他粒子导致阳光发生散射，蓝光的波长比其他颜色更短，散射作用更加明显，天空因此呈现蓝色。

资料来源：nasa网站

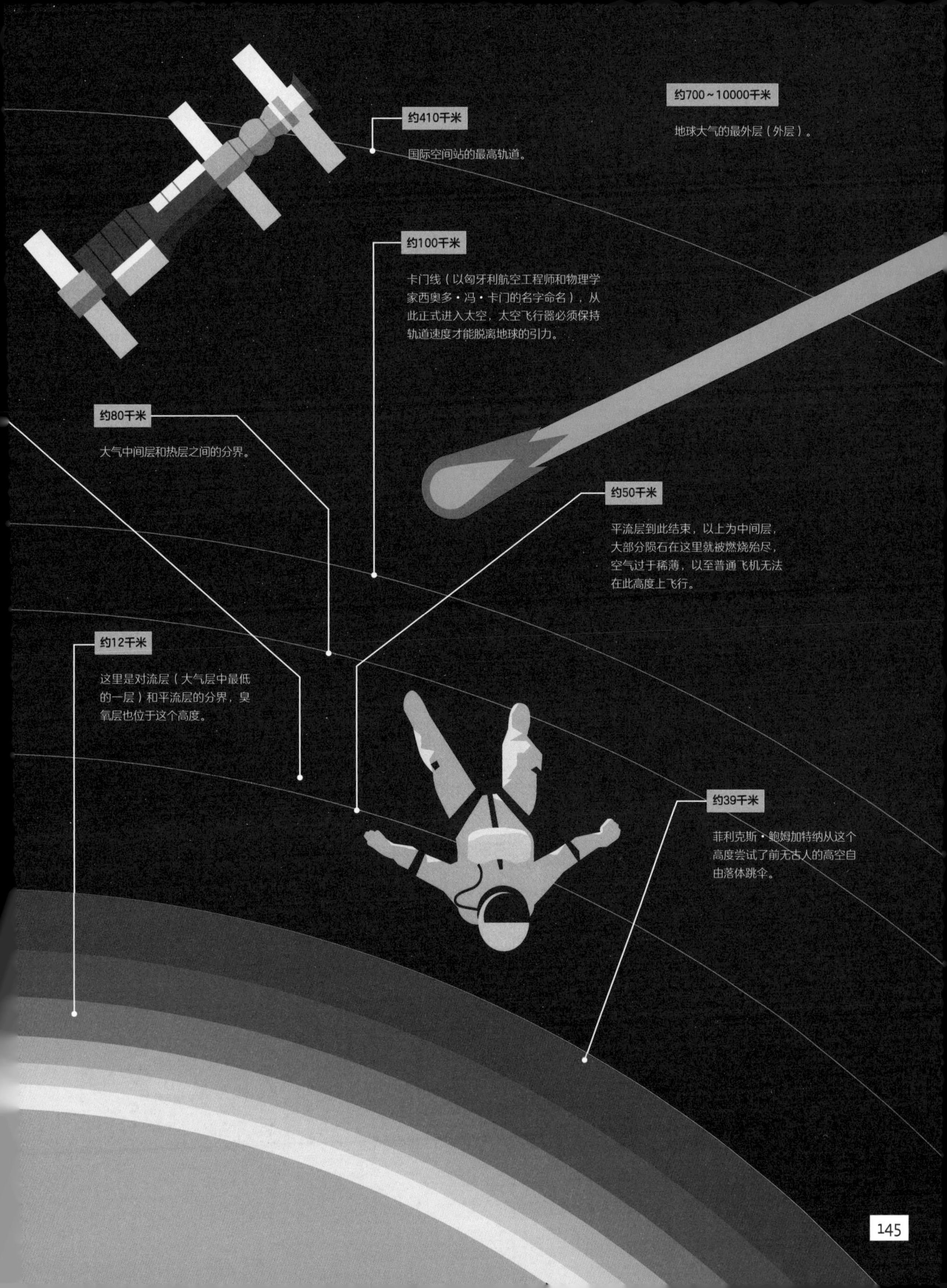

约700~10000千米

地球大气的最外层（外层）。

约410千米

国际空间站的最高轨道。

约100千米

卡门线（以匈牙利航空工程师和物理学家西奥多·冯·卡门的名字命名），从此正式进入太空，太空飞行器必须保持轨道速度才能脱离地球的引力。

约80千米

大气中间层和热层之间的分界。

约50千米

平流层到此结束，以上为中间层，大部分陨石在这里就被燃烧殆尽，空气过于稀薄，以至普通飞机无法在此高度上飞行。

约12千米

这里是对流层（大气层中最低的一层）和平流层的分界，臭氧层也位于这个高度。

约39千米

菲利克斯·鲍姆加特纳从这个高度尝试了前无古人的高空自由落体跳伞。

145

我所呼吸的空气

一般我们用每立方米空气中所含粒径在10微米（μm）以下粒子的数量来衡量空气被污染的程度，这些粒子被称为PM10。PM10指数超过35，就会导致敏感人群出现呼吸方面的问题，超过42则更多人会受到影响。

=PM10指数

不同城市的污染情况

城市	PM10	城市	PM10
新德里，印度	198	布宜诺斯艾利斯，阿根廷	38
伊斯兰堡，巴基斯坦	189	加拉加斯，委内瑞拉	37
达卡，孟加拉国	134	莫斯科，俄罗斯	33
吉达，沙特阿拉伯	129	华沙，波兰	32
北京，中国	121	雅典，希腊	31
约翰内斯堡，南非	66	伦敦，英国	29
曼谷，泰国	54	马德里，西班牙	26
墨西哥城，墨西哥	52	柏林，德国	26
米兰，意大利	44	纽约，美国	21
雅加达，印度尼西亚	43	渥太华，加拿大	16
巴黎，法国	38	惠灵顿，新西兰	11
		堪培拉，澳大利亚	10

资料来源：who网站（2014年以前数据）

空气污染最严重的地方

阿瓦士，伊朗	372	克尔曼沙赫，伊朗	229
乌兰巴托，蒙古	279	白沙瓦，巴基斯坦	219
萨南达杰，伊朗	254	哈博罗内，博茨瓦纳	216
卢迪亚纳，印度	251	亚苏季，伊朗	215
奎达，巴基斯坦	251	坎普尔，印度	209

空气污染最轻微的地方

卧龙岗，澳大利亚	0.1	卡胡鲁伊-威路库，夏威夷州，美国	7
圣塔菲，新墨西哥州，美国	6	鲍威尔里弗，加拿大	8
怀特霍斯，加拿大	6	斯普林伍德，澳大利亚	9
达尔文，澳大利亚	6.9	克莱斯特彻奇，新西兰	9.31

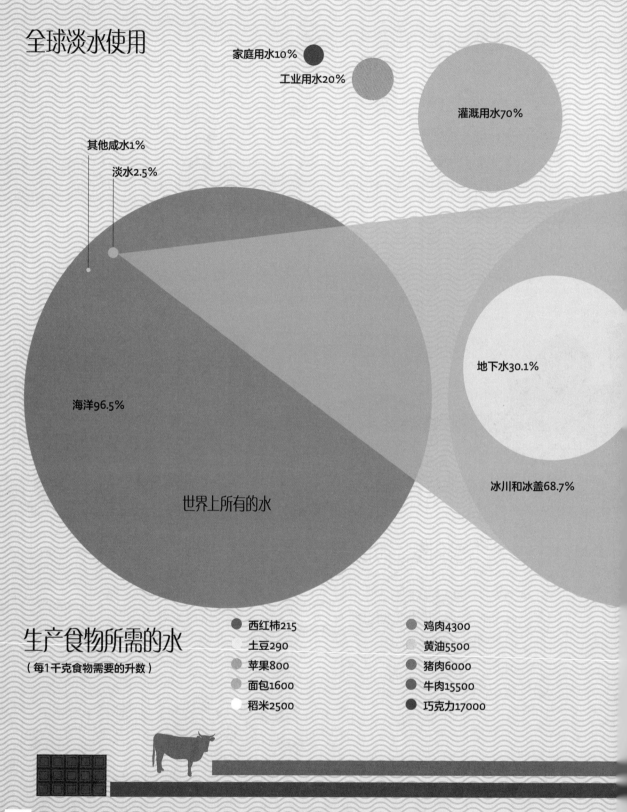

全球淡水使用

家庭用水10%

工业用水20%

灌溉用水70%

其他咸水1%

淡水2.5%

海洋96.5%

地下水30.1%

世界上所有的水

冰川和冰盖68.7%

生产食物所需的水
（每1千克食物需要的升数）

- 西红柿215
- 土豆290
- 苹果800
- 面包1600
- 稻米2500
- 鸡肉4300
- 黄油5500
- 猪肉6000
- 牛肉15500
- 巧克力17000

水、水，到处都是水

所有人都知道地球表面积的70%被水覆盖，那么这些水究竟在地球上的什么地方？制造1千克巧克力又需要多少水呢？

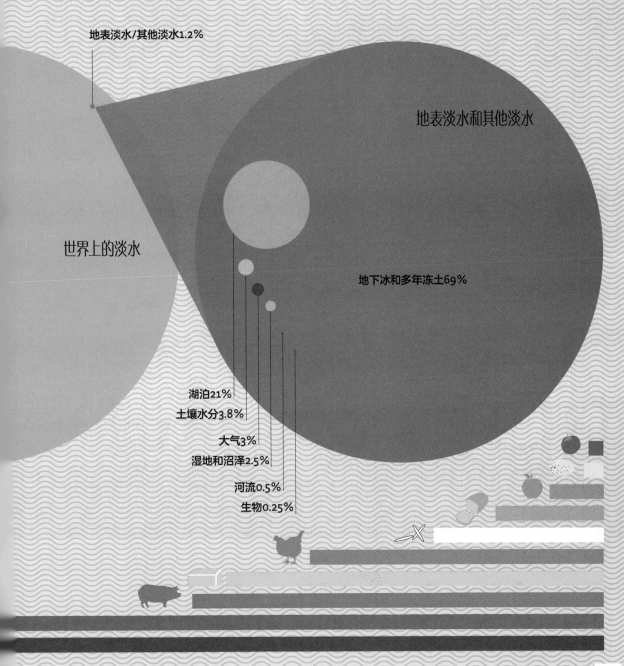

地表淡水/其他淡水1.2%

地表淡水和其他淡水

世界上的淡水

地下冰和多年冻土69%

湖泊21%

土壤水分3.8%

大气3%

湿地和沼泽2.5%

河流0.5%

生物0.25%

资料来源：ga.water.usgs网站, unwater网站, theguardian网站

黑帮的世界

我们对地下世界中最有势力的黑帮从年收入、违法活动和全球犯罪网络等几个方面进行了比较。

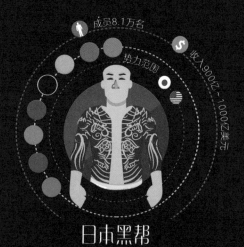

成员8.1万名

收入900亿~1000亿美元

势力范围

日本黑帮
日本，17世纪

成员5000名

1亿美元

势力范围

荷兰黑帮
荷兰，18世纪

成员7500名

100亿美元

势力范围

华雷斯贩毒集团
墨西哥，20世纪70年代

成员5000名

5亿~7亿美元

势力范围

牙买加贩毒运毒集团
牙买加，20世纪80年代

活动

- ● 贩卖军火
- ● 勒索
- ● 伪造
- ● 网络犯罪
- ● 未成年人色情
- ● 受雇杀人
- ● 赌博
- ● 绑架
- ● 洗钱
- ● 卖淫
- ● 政治腐败
- ● 贩卖人口
- ● 毒品
- ● 敲诈
- ● 诈骗
- ● 抢劫

成员27.5万名 **年收入1000亿美元**

势力范围

黑手党

西西里，1865；美国19世纪80年代

成员1万名 **130亿~150亿美元**

势力范围

锡那罗亚贩毒集团

墨西哥，20世纪60年代

成员1万名 **50亿~100亿美元**

势力范围

俄罗斯黑手党

俄罗斯，1985

成员5000名 **1亿~10亿美元**

势力范围

保加利亚黑手党

保加利亚，1989

成员1600名 **7.5亿美元**

势力范围

洛斯拉斯特罗霍斯集团

哥伦比亚，2002

势力范围

日本	新加坡	墨西哥	以色列	哥伦比亚	欧洲
美国本土、夏威夷	荷兰	牙买加	保加利亚	委内瑞拉	南美洲
	英国	哥伦比亚	比利时	厄瓜多尔	
	意大利本土、西西里	俄罗斯	德国		

资料来源：cia网站，chinawhisper网站，insightcrime网站，pbs网站，维基百科

工作、休息还是娱乐？

哪个国家的人工作最勤奋，睡眠时间最短？哪个国家的人最放松，最顾家？以下列举了18个经济合作与发展组织成员国的统计数据，显示了这些国家的人们习惯于如何安排自己的生活。

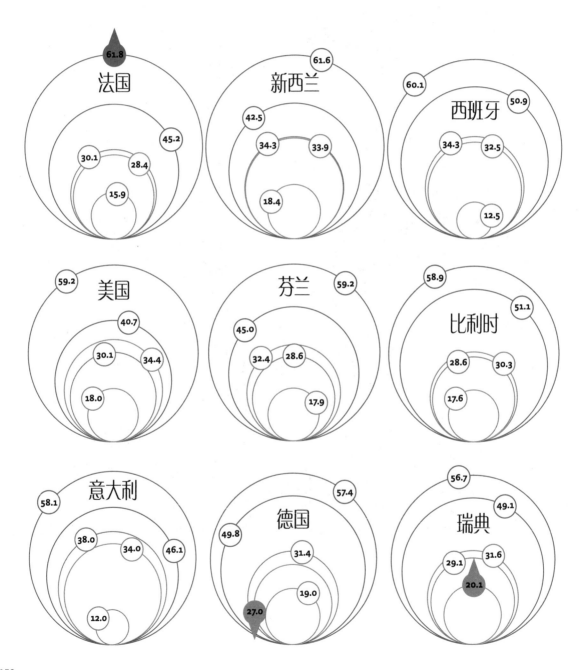

每周平均花费的小时数

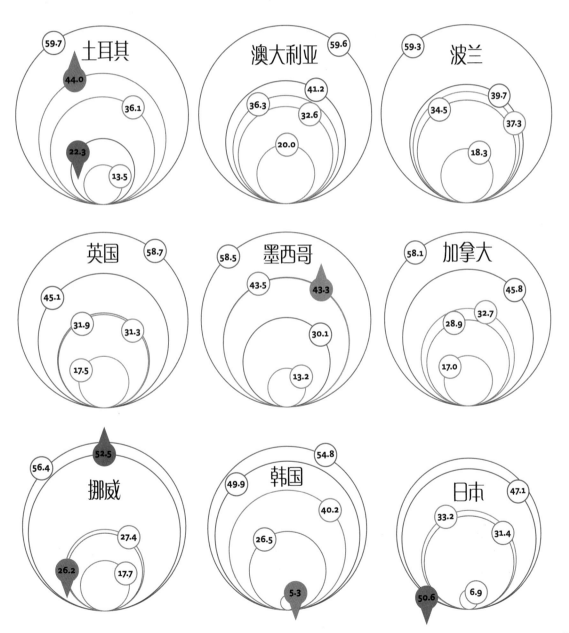

用于睡眠　用于工作　享受休闲时光　完成家务（女性）　完成家务（男性）

土耳其　59.7　44.0　36.1　22.3　13.5

澳大利亚　59.6　41.2　36.3　32.6　20.0

波兰　59.3　39.7　37.3　34.5　18.3

英国　58.7　45.1　31.9　31.3　17.5

墨西哥　58.5　43.5　43.3　30.1　13.2

加拿大　58.1　45.8　32.7　28.9　17.0

挪威　56.4　52.5　27.4　26.2　17.7

韩国　54.8　49.9　40.2　26.5　5.3

日本　47.1　33.2　31.4　50.6　6.9

六度分隔理论：彼得·希格斯

　　曾经获得过多个学术奖项的英国理论物理学家彼得·希格斯在发现希格斯玻色子过程中的开创性工作得到了世界的认可——大型强子对撞机的实验证实了上述粒子的存在。不难想象，希格斯距离阿尔伯特·爱因斯坦仅有6步之遥，但真正有趣的是，他与卡尔·马克思、格雷伯爵和20世纪50年代好莱坞宠儿詹姆斯·迪恩之间同样存在着这样的联系……

1.

格雷伯爵
人们用他的名字命名了一种茶叶，他曾在1830—1934年作为辉格党领袖出任英国首相。

亨利·福克斯·塔尔博特
在格雷担任首相期间，他担任辉格党议员，并发明了卡罗式摄影法，对达盖尔的研究起到了极大的帮助。

路易斯·达盖尔
他镜头下巴黎的景象令摩尔斯感到了震惊。

塞缪尔·莫尔斯
为了发送他所发明的莫尔斯电码，他使用了当时世界上第一台电报机，以便将信息记录在纸上，电报机的发明者正是休斯。

戴维·E.休斯
他的名字被用来命名了一项物理学奖章，该奖项在1981年被授予了两位获奖者，其中一位是基伯。

汤姆·W. B. 基伯
英国物理学家和量子理论学家，与他同年获奖的就是希格斯。

2.

卡尔·马克思
他关于政治的理论深深地影响了切·格瓦拉。

切·格瓦拉
阿根廷裔古巴游击队领导者，反抗巴蒂斯塔的独裁政权。

富尔亨西奥·巴蒂斯塔
直到1959年仍担任古巴总统，被卡斯特罗推翻。

菲德尔·卡斯特罗
古巴革命军的领导者，1960年作为古巴领导人在联合国会议上做了发言，并遇到了梅厄。

果尔达·梅厄
以色列外交部长，与她打交道的古巴驻以色列大使正是伍尔夫。

里卡多·伍尔夫
他的伍尔夫基金会在2004年将物理学奖颁给了希格斯。

彼得·希格斯

3. 阿尔伯特·爱因斯坦
1939年在一封信中提醒人类警惕氢弹的威胁，收信人是罗斯福。

富兰克林·罗斯福
美国总统，批准了曼哈顿工程，而主管这一项目的就是格罗夫斯。

莱斯利·格罗夫斯中将
他主持了建造五角大楼的工程，还任命奥本海默领导曼哈顿工程。

J.罗伯特·奥本海默
为了完成曼哈顿工程，他从全世界募集科学家，其中包括玻尔。

尼尔斯·玻尔
丹麦籍科学家，同时也是克莱恩的导师。

奥斯卡·克莱恩
瑞典籍物理学家，以他的名字命名了一项年度演讲纪念奖章，在2009年被授予希格斯。

4. 詹姆斯·迪恩
好莱坞电影明星，能够凭记忆背诵安托万·德·圣-埃克苏佩里所著的《小王子》。

安托万·德·圣-埃克苏佩里
完成《小王子》一书的时候，居住在1867年德拉马特建造的房子里。

科尼利厄斯·H.德拉马特
美国实业家，将埃里克森引为至交好友。

约翰·埃里克森
瑞典发明家，曾设计过战列舰，其合作者中包括诺贝尔。

阿尔弗雷德·诺贝尔
炸药的发明者，以他命名的物理学奖在2013年被颁给了恩格勒等两人。

弗朗索瓦·恩格勒
比利时物理学家，与他一同获奖的就是希格斯。

答案

100~101页问题的答案

天王星：25362千米

金星：6052千米

泰坦（土卫六）：2576千米

月球（地球卫星）：1738千米

地球：6371千米

水星：2440千米

盖尼米德（木卫三）：2631千米

木星：69911千米

卡里斯托（木卫四）：2400千米

火星：3390千米

欧罗巴（木卫二）：1569千米

冥王星：1188千米